ルポ沖縄　国家の暴力

米軍新基地建設と「高江165日」の真実

阿部　岳

朝日文庫

本書は二〇一七年八月、小社より刊行されたものを加筆・修正しました。

はじめに

それは沖縄の本土復帰後、最悪の165日間だった。

2016年7月11日、政府は東村高江《ひがしそんたかえ》で米軍ヘリパッド（ヘリコプター着陸帯）建設の準備を始めた。前日の参院選で沖縄県民が反対の意思を示してからわずか10時間後のことだった。

民主主義が壊された。

人権が踏みにじられた。

表現の自由、報道の自由、思想の自由、集会の自由、移動の自由。憲法が保障する権利を、本土からの応援部隊で大増強された機動隊が奪った。取材中の記者が監禁された。機動隊員の「土人」発言は沖縄差別を白日の下にさらした。

法治主義が揺さぶられた。

政府は「邪魔」な市民を次々に逮捕し、頭上に自衛隊ヘリを差し向けた。権力が暴走しないように縛る法の鎖を引きちぎり、ただ意のままに振る舞った。
命が危険にさらされた。

開発段階から事故が相次ぎ、「空飛ぶ恥」とまで言われた新型輸送機オスプレイ。沖縄配備から4年、ついに墜落が現実になった。政府は直後の12月22日、そのオスプレイが使うヘリパッドの完成を宣言し、祝賀の式典を開いた。

私は地元紙沖縄タイムスの記者として、現場に通い詰めた。なぜこんなことが起きるのか、考え続けていた。

1972年の本土復帰以降、政府は表向き「償いの心」を語ってきた。太平洋戦争末期、本土を守る防波堤として沖縄を切り捨て、戦後また米軍占領下に見捨てた過去がそうさせた。

今、政府は沖縄と向き合うポーズすら取らない。提示するのは、黙って基地を引き受け続けるか、抗《あらが》って罰を受けるか、の二択である。基地は必要だが、身近には置きたくないという身もふたもない本土のエゴ。それを恥ずかしいとも問題だとも思わない、政治の劣化があらわになっている。

沖縄は嫌でも差別を認識させられた。民主的な手段を全て踏んでも、民意は届かない。ならば現場で止めるしかない。名護《なご》市辺野古《へのこ》の新基地、高江へリパッドと、基地建設に対する抗議行動はかつてない規模と期間に及んでいる。

本土と沖縄の断絶は、抜き差しならない段階に達している。首相と知事といった政治レベルの緊張にとどまらない。沖縄の人々の深い意識の中で、本土に対する絶望や諦めが膨らんでいるのを感じる。

政府の暴走を、本土の無関心が可能にしている。16年末に高江を片付け、再び辺野古の工事に取りかかった時、防衛省関係者がタイムスの同僚に語った言葉が、紙面に記録されている。

高江に本土の機動隊を大量動員し、市民を次々に逮捕したが、本土では批判が広がらなかった。それが「成果の一つ」だと言った。今後も強行突破を続けられる、と自信を深めているようだ。

高江の165日間を、誰も知らない。

この本はその現実に対するささやかな抵抗である。波間を漂う沖縄という小舟から、遠ざかっていく本土という巨船に向かってありったけのロープを投げているような気持ちで書いた。届かないかもしれないし、届いても切れてしまうかもしれない。それでも、投げずにはいられない。

本土メディアがなかなか足を運べない沖縄の山奥には、この国の危機の縮図があった。制御を失った権力は、いつまでも沖縄にだけ振り下ろされるわけではない。高江で最初に倒れたドミノの連鎖は、少しずつ本土に近づくだろう。

きょうの沖縄は、あすの本土である。

沖縄防衛局がヘリパッド工事再開に向けて資材を運び込んだ米軍北部訓練場は、未明から機動隊員が警備を固めた＝2016年7月16日、東村高江

工事再開の日、「N1表」（N1地区工事現場の入り口）を制圧した機動隊員。一帯は紺一色に染まった＝2016年7月22日、東村高江

工事再開の日、夜も明けないうちに福岡ナンバーを先頭にした警察の車列が迫る。路上に座り込んで抵抗する男性＝2016年7月22日、東村高江

機動隊員に強制排除され、顔をゆがめる島袋文子＝2016年9月21日、東村高江

ヘリパッド工事には大量の土砂がいる。ダンプが通ると、警備の機動隊員も市民も砂まみれになった＝2016年11月28日、東村高江

政府は米軍基地建設のため自衛隊ヘリまで動員した。資機材をつり下げたまま、県道の上を飛んだ＝2016年9月13日、東村高江

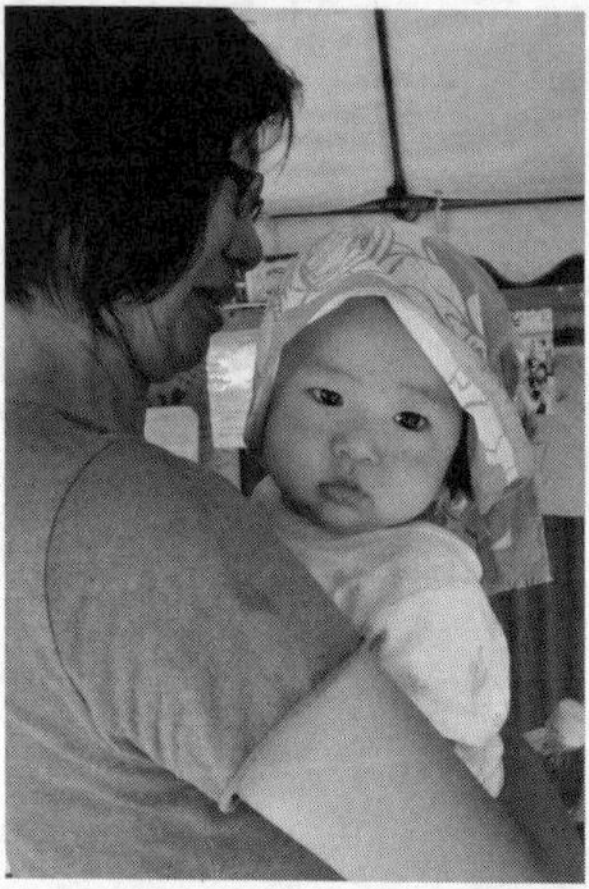

N1表のテントを訪れた高江住民の清水亜生（36）と生後5カ月の長男環太。「オスプレイの深夜飛行で2人とも眠れず体調が悪い」と話した＝2016年7月16日、国頭・東の村境

未明のオスプレイ墜落現場で、報道陣を締めだそうとする米兵。「下がれ!」と怒鳴る者もいた＝2016年12月14日、名護市安部

墜落現場では米兵が勝手に規制線を張り、日本の捜査当局も無断では入れなかった＝2016年12月14日、名護市安部

米軍が去った墜落現場。アダンの木に実のような形の規制テープが残されていた。沖縄に絡みついた基地の暗喩に思えた＝2016年12月22日、名護市安部

沖縄本島の市町村

※沖縄県公式HP「沖縄県内の市町村」をもとに作製

北部訓練場のヘリパッド

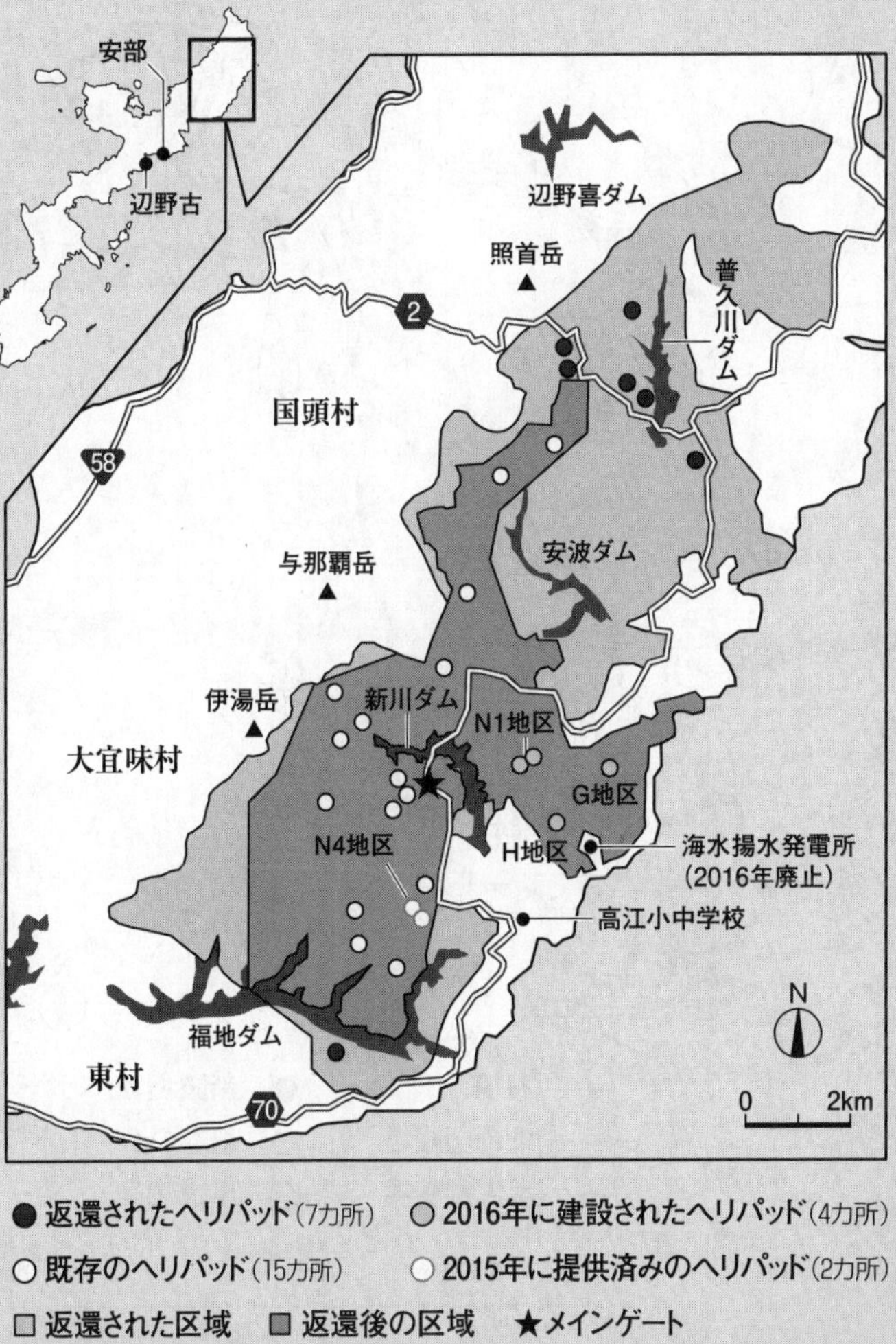
安部
辺野古
辺野喜ダム
照首岳
2
普久川ダム
国頭村
58
安波ダム
与那覇岳
伊湯岳
新川ダム
N1地区
大宜味村
G地区
N4地区
H地区
海水揚水発電所
(2016年廃止)
高江小中学校
N
0
2km
福地ダム
東村
70
● 返還されたヘリパッド(7カ所)
○ 2016年に建設されたヘリパッド(4カ所)
○ 既存のヘリパッド(15カ所)
○ 2015年に提供済みのヘリパッド(2カ所)
□ 返還された区域
■ 返還後の区域
★ メインゲート

高江周辺のヘリパッド

土木技術者・奥間政則氏の作図に基づく
(「国土地理院」の地図を参考)

N1表
〈点線〉旧林道
70
国頭村
N1地区
メインゲート
新川ダム
N1裏
東村
70
高江公民館
N4地区
（2015年提供）
高江小中学校

ルポ沖縄　国家の暴力

米軍新基地建設と「高江165日」の真実●目次

第2章　弾圧と人権

第3章 断絶と罵倒

第4章 無法と葛藤

第5章 破局と隷従

オスプレイ無残

原則として、肩書、年齢、組織名は取材当時のものです。敬称は省略しました。

ルポ沖縄　国家の暴力　米軍新基地建設と「高江165日」の真実

写真（特に表記のないもの）　著者

プロローグ　民意と敵意

電話の声は上ずっていた。

「高江に工事車両が入ったそうです。機動隊も来ているそうです」

沖縄タイムスの同僚で、東村を担当する城間陽介（27）だった。住民から連絡を受けたという。

2016年7月11日の午前6時すぎ。たたき起こされた私の受け答えも、しどろもどろだったと思う。城間はこの日、名護市辺野古の抗議行動の取材当番だった。高江に行くべきか、辺野古か。尋ねられて、とにかく高江に向かうよう指示した。

高江も辺野古も、沖縄本島の北部に位置する。タイムスでは城間や私が勤める北部報道部の管轄になる。ちょうど2年前の14年7月、辺野古で普天間《ふてんま》飛行場（宜野湾《ぎのわん》市）の返還と引き換えの新基地建設工事が始まった。以来、那覇市の本社などから応援を得て、連日の取材を続けていた。

当番に穴を開けるわけにはいかない。自分が辺野古をフォローするか。迷ったが、電話は高江の非常事態を告げていた。辺野古には後から誰かに行ってもらえばいい。

名護市内の自宅アパートから車を出し、私も城間の後を追った。

寝ぼけまなこのままハンドルを握る。ラジオをつけると、前日投票された参院選の開票はまだ続いていた。本土では安倍晋三政権が圧倒的な信任を得た。安倍が目指す改憲に賛同する勢力は参院の3分の2を占め、衆参両院で発議の要件をクリアした。

　車は山を縫い、高江に近づいていく。ラジオの電波が弱くなり、全国の開票状況はもう届かなくなっていた。

10時間後の強行

国頭村《くにがみそん》と東村にまたがる米軍北部訓練場。そのメインゲートは東村側の高江にある。私が着くと、地元住民5人が立っていた。みなあっけにとられた表情だ。午前6時前、工事の資材を積んだトラックの列が入っていったという。

ゲートすぐ外の芝生は、鉄柵が置かれて集会が開けないようになっている。民間警備員が見張っている。基地内には機動隊のバスが並んでいる。どれも、きのうまではなかった光景だ。

　南に75キロ離れた那覇市の県庁にはこの日、防衛省の出先、沖縄防衛局が環境影響評価（アセスメント）の書類を届けた。ヘリパッド建設工事の再開へ。全ては周到に準備されていた。

不意打ちで資材が搬入された日、「ヘリパッドいらない住民の会」の田丸正幸（右）とともに米軍北部訓練場のメインゲート前で座り込む山城博治＝2016年7月11日、東村高江

ほどなくして、ゲート前に辺野古の抗議行動を率いてきた沖縄平和運動センター議長の山城博治《ひろじ》（63）が駆け付けた。いつも通り、唯一にして最大の「武器」であるトラメガ（拡声器）を携えている。基地の境界を示す道路の黄色い線上に立つと、怒りをぶちまけた。

「翌日にやるか？　選挙に負けた腹いせか？　説明しなさい。責任者は出てきなさい！」

地元住民と2人だけで、座り込みを始めた。

トラックがゲートから入ったのは午前6時前。参院選の投票が終わったのはわずか10時間前、前日の午後8時である。その瞬間、マスコミ各社は一斉に沖縄選挙区の野党系無所属新人、伊波《いは》洋一(64)に当確を打った。自民党の現職沖縄担当相、島尻安伊子《あいこ》(51)に10万票差をつける圧勝だった。伊波は辺野古や高江の基地建設反対を訴え、民意を捉えた。

だが、政府が見ていたのは民意ではなかった。ただでさえ劣勢が伝えられていた島尻の票を減らすことは避けようと、選挙中の強行は控えた。逆に、選挙さえ終われば何でもできる。着々と準備を整え、投票箱のふたが閉まるのだけを待っていた。伊波の当確は、政府にとっては着手のゴーサインでしかなかった。

地元東村の村長、伊集盛久《いじゅせいきゅう》(75)は07年にヘリパッド建設反対を掲げて無投票で初当選したものの、わずか1カ月後にあっさり公約を破棄、建設を容認した人物である。理由は「実際に行政を担い、最終的にはこういう形しかできない」という全く理解できないものだった。その伊集も、政府の動きを知らされていなかった。「タイミングをみていたのか……」と漏らした。

加速する劣化

ゲート前で抗議する市民は60人ほどに膨らんだ。「まさか翌日にやるとは」「民意に泥水をかける行為だ」と口々に語る。政府は沖縄の民主主義を否定するばかりか、明確な敵意を抱き、へし折ろうとしている。そう感じさせる所業だった。

長嶺勇《ながみねいさむ》（67）は「あまりに道理がない。今度こそ、日本を完全に見限った」と言った。口調は静かだが、言葉は強い。

1988年から89年にかけて、地元の恩納村《おんなそん》に米軍が都市型戦闘訓練施設（ゲリラ戦訓練施設）を建設しかけたことがあった。現場は村民の誇りであり、戦争中は避難して命をつないだ恩納岳。保守系の村長を先頭に、村を挙げた反対運動が巻き起こった。

村職員の労組委員長だった長嶺も、先頭で体を張った。老若男女の座り込みで、途中までできていた施設を放棄させた。非暴力で世界最強の軍隊に勝った経験は、村民の大きな自信になった。

退職後しばらくは山の中で穏やかに暮らしていた長嶺。2014年、辺野古新基地建設が本格化すると、いてもたってもいられず、現場に通うようになった。「よく言われる子や孫のため、じゃない。自分の誇りのためだ」と言った。この朝、高江のゲート前にも早々とやって来た。

「恩納村では、一人一人が村を守る主人公になった。辺野古でも、闘いが人をつくってきた。沖縄も僕も成長してきた。もはや言葉には何の意味もない。行動あるのみ」

前日に安倍政権を圧勝させた本土の人々には「沖縄でこうやって民主主義が壊されているのは、対岸の火事ではない。あすはわが身になる」と訴えた。

「日本という国が分からない。なんでこんなことができるのか」と嘆いたのは垣花勝行《かきのはなかつゆき》（67）。大学で事務の管理職を務めて退職した。高江でヘリパッド建設が始まった07年、政府の強行ぶりに「国の劣化の加速」を見たように思った。住民を支援する組織「高江現地行動連絡会」に加わり、定期的に高江に通った。

この朝は、他の市民とともにゲートの前に座り込んだ。機動隊に排除されてもまた座り込む。

「きのう自民党に票を入れた人だってこれじゃあ驚くでしょう。基地に囲まれるのは誰だって嫌だ。イデオロギーの問題でも思想の問題でもない」

届かない焦燥

集まった人々の中には、泰真実《やすまこと》（50）の姿もあった。作業療法士で病院に勤めている。2012年、普天間飛行場のゲートでオスプレイ配備に対する抗議行動を見かけたのをきっかけに、忙しい仕事の合間を縫って現場に足を運ぶようになった。

泰はたまたま、この日の沖縄タイムスを持ってきていた。1面には「伊波氏当選10万票差」の見出し。米兵2人が基地内から写真を撮っているのを見つけると、拘束の危険を冒して黄色い線を越え、進入路を10メートルほど入った所に新聞を置いてきた。

「プレゼント・フォー・ユー」

なぜ市民が怒っているのかを伝えようとした。

1面下部の定位置には、コラム「大弦小弦《たいげんしょうげん》」が載っている。タイムスは日替わりの執筆で、毎週月曜日は私が担当している。この日は参院選について書いた。

本土がどんどん遠くなる。そんな感覚がある。参院選沖縄選挙区は、安倍政権の閣僚が早々に敗北した。一方、本土では政権の信任票が積み上がっていく▼201

3年初めの銀座を思う。オスプレイ反対を訴えて行進する沖縄の首長たちに、沿道は冷たい視線を向けるだけだった。罵声を浴びせた集団もいたが、圧倒的多数の無関心の方が怖かった▼買い物中の女性は「沖縄はお気の毒。でも、デモを警備する警官の人件費は私たちが払うんでしょ?」と言った。沖縄の人はビラを受け取ってもらえないと嘆いた。「安倍政権を支えているのはこういう人たちなんだ」▼コザ騒動[※]直後の1970年末。同じ銀座で、やりきれないほど同じ光景があった。東京沖縄県人会による決意のデモ。テレビドキュメンタリーに、沿道の家族連れが写る。「何しているの?」と聞く子どもに、親は何も答えない▼制作した森口豁《かつ》さん(78)は沖縄に関わって60年。本土を問い続けてきた。「ヤマトゥンチュは沖縄と関わらずに生きられると思っているけど、違う。日本全体の問題を押し付けているうちに、しっぺ返しが来る」▼沖縄から見える日本の針路は危うい。憲法を失う日も近いか

※コザ騒動は1970年12月20日未明、コザ市(現沖縄市)の路上で米軍関係車両ばかり約80台が焼き打ちされた事件。事件や事故を起こした米兵の無罪放免が続き、住民の不満が交通事故をきっかけに爆発した。

もしれない。「危ないですよ」と言い続けるしかない。本土にしっぺ返しが来る時は、沖縄も巻き込まれてしまうから。

（「沖縄タイムス」2016年7月11日付）

泰がゲート内に置いてきた新聞は、警備担当の日本人基地従業員がすぐに拾い上げ、黄色い線の外側にぽんと置いた。中にいる防衛局職員、機動隊員、そして米兵。誰にも届かない。沖縄の民意も、怒りも、焦燥も。新聞は路上で、しばらく風にめくられていた。

包囲された集落

北部訓練場は米軍にとって世界で唯一の「ジャングル戦闘訓練センター」である。沖縄の基地で最大、約7500ヘクタールという広大な山林。沖縄だけでなく米本国からもやって来る海兵隊の部隊が、ゲリラ戦の訓練を積んでいる。

ロープをつたい、泥水の中をくぐり、野営する。訓練場内の施設には木の枝から作った弓矢などの展示がある。武器を失っても戦い抜くサバイバル術をたたき込む。

その北部訓練場の半分以上に当たる約4千ヘクタールの返還が、1996年の日米特別行動委員会（SACO）最終報告で発表された。その前年、米兵3人による少女暴行事件を発火点に、基地被害に対する県民の積もり積もった怒りが爆発していた。日米両政府は沖縄の基地が維持できなくなることを恐れ、「負担軽減」と称して配置の修正を図った。目玉は普天間飛行場の返還。北部訓練場も、返還面積を稼ぐために盛り込まれた。

普天間返還の裏には、辺野古新基地建設という条件が隠れていた。同じように、北部訓練場の返還にも交換条件があった。返還部分にある既存のヘリパッド7カ所を撤去する代わりに、継続使用する部分に6カ所を建設する。この6カ所が高江の集落を包囲する形で配置されたところから、住民の苦悩が始まった。

配置には米軍の強い意向が反映されていたことを、那覇防衛施設局（現沖縄防衛局）が環境アセスの中で明らかにしていた。特にヘリパッド「G地区」は歩行訓練ルートで海につながる位置にあり、米軍から「必ず必要との強い要望」があった。海兵隊員がゴムボートで海岸に上陸、歩行訓練ルートを通ってヘリパッドに到達し、航空機で脱出するといった訓練が可能になる。これまで、「空」と「陸」に限られていたヘリパッドの訓練に「海」の新要素が加わる。

名目は「負担軽減」「沖縄のため」。実態は「基地機能の強化」「米軍のため」でしかない。この構図は日米両政府の基地政策を貫いている。海兵隊の報告書が「使用不可能な北部訓練場を日本政府に返還し、新たな訓練場の新設などで土地の最大限の活用が可能になる」と期待をあらわにしていたことも明らかになった。いらない土地を返し、新品のヘリパッドを日本側の財政負担で造ってもらえるのだから、米側にとっては素晴らしい取引である。

軍の都合を優先した日米交渉の中で、住民の存在は完全に抜け落ちていた。いや、高江はずっと、両政府どころか県や東村の視野にさえ入っていないような扱いを受けてきた。

沖縄本島は県都那覇市がある南部、西海岸に人口が集中し、発展している。東村はその全く反対で、北部、東海岸に位置する小さな農村である。高江はその東村にある6行政区※の中でも最北端。本島で最も隔絶された一帯にあり、「陸の孤島」とまで呼ばれた。

2000年代初頭まで、路線バスも水道管も高江の一つ南の行政区まで来て止まっていた。高江独自の簡易水道の水源は落ち葉が堆積し、住民は濁ったり臭ったりする水に悩まされていた。

孤立した集落に突如降りかかった基地問題。ヘリパッドに囲まれれば、騒音と危険性が増すことは誰の目にも明らかだった。高江区は2度にわたってヘリパッド建設に反対する決議をした。

最初は1999年、当時の東村長が高江の頭越しに受け入れを表明した後。他の行政区が使っているきれいな水源から水道管を敷くという「アメ」を持ちだした。この時の区民総会を、私は取材していた。住民たちは「基地か水道かという選択はおかしい」「弱みにつけ込むのか」と怒った。

2度目の決議は2006年。政府が環境アセスの手続きを着々と進めるさなかだった。翌07年、ついに建設工事が強行される。現場では座り込みが始まった。ヘリパッ

※行政区は本土での自治会、町内会に当たる組織。公民館などを拠点に地域活動を担う。多くの場合、市町村から事務の委託を受けている。トップは区長で、区民総会などの決議機関がある。沖縄県内でも地域によって形は少しずつ異なり、自治会や公民館と呼ぶところもある。

ドは全4地区6カ所が09年に完成する計画だったが、抵抗によって遅れに遅れた。「N《エヌヨン》4地区」にある2カ所だけが完成し、15年に米軍に引き渡された。残る3地区の4カ所は手付かずのままになっていた。

不意打ちまたも

再始動の兆候がなかったわけではない。4カ月前の16年3月には政府と県の訴訟が和解し、一時的に辺野古新基地の工事が止まった。政府は手が空いた状態になっていた。防衛省や出先の沖縄防衛局を担当するタイムスの同僚たちは「ヘリパッドの年内完成目指す」「資材の空輸も検討」などと動向を伝えていた。

高江の森には国の特別天然記念物で、国際的に危機的絶滅危惧種に分類される野鳥ノグチゲラがいる。3～6月はそうした希少種の営巣期間に当たり、毎年工事は中断していた。逆に7月になればいつ始まってもおかしくない。

7月10日の参院選投票日の前、北部報道部の同僚たちと「投票翌日から始まったりして」「やりかねない」と冗談のつもりで話したことがある。冗談では済まなかった。記者としての甘さをかみ締めた。

7月11日の資材搬入を伝えるタイムス社会面の見出しは「不意打ちまたも」だった。まさに、またも。

振り返れば11年12月28日、仕事納めの日の午前4時、政府は県庁に辺野古の環境アセスの書類を運び込んだ。提出を阻止するため座り込んでいた市民も、さすがに夜は休んでいた。その隙を突いて、守衛室に段ボール16箱を運び込んで立ち去った。未明の現場では、防衛局トップの局長が職員たちを「陣頭指揮」していた。

13年3月、辺野古の埋め立て申請書類は、報道陣が張り込む県の担当部署を避け、関係のない部署に持ち込まれた。私はこの時、現場にいながら裏をかかれ、防衛局職員の姿すら見ることができなかった。

当時の防衛相、小野寺五典《いつのり》は当日防衛省近くで桜の花見会を開き、東京の担当記者を油断させる工作までしていた。後に講演会で、「こういうの（提出の様子）がメディアに映れば映るほど反対が広がっていく」「カメラは一つも撮っておらず段ボールの写真しかない。うまくいった」と得意げに明かしたのだった。

そこには安全保障論も大義もない。あるのは、沖縄の反対をよく知ったうえで小細

トラックの前に座り込む安藤朱里＝2016年7月11日、東村高江

工を弄《ろう》する政府の姑息な姿勢だけだった。

戦後史の岐路

14年7月に辺野古新基地の工事が始まる前、タイムス編集局の基地報道に関わるメンバーは会議を開き、これは沖縄戦後史の岐路だと確認した。圧倒的な反対の民意と、それを押しつぶそうとする政府との対峙《たいじ》。地元紙として、詳細な記録を歴史に残すことを決めた。

この時から毎日当番を置き、必ず記者が現場に張り付くようにした。24時間態勢で警戒していた時期もある。

辺野古を受け持つ北部報道部の4人だけではとても足りない。政治、経済、社会、学芸、運動、写真、と本社のあらゆる部署、それから北部以外の地域を担当する報道部も交代で当番に入った。前例のない総力戦が2年間続いた。

高江の工事が始まると、取材態勢も辺野古からそのまま移行した。那覇から1時間ほどで着く辺野古に比べ、高江は2時間半はかかる。本社からの応援組は午前8時に取材を始めるため5時半には出発する。夜遅くまで原稿と格闘する新聞記者には過酷だった。私は北部報道部の責任者として応援をお願いする立場だったが、同僚から一度も苦情を言われたことがない。みな情熱を持ってきつい仕事を引き受けてくれた。

16年7月11日。ヘリパッド建設工事に向けて資材が搬入されたこの日を境に、沖縄と政府の闘いの現場は辺野古から高江に移った。以来、政府がヘリパッド「完成」を宣言する12月22日までの165日間、あらゆる国家権力が動員され、暴圧の嵐が吹き荒れた。それは辺野古で記録された最大瞬間風速をはるかに上回る。

ここは日本なのか、と目を疑うことがしばしば起きた。戦後日本が表向き保障してきた人権や市民的自由が否定され、権力が意のままに振る舞う。これは戒厳令なのだ。そう説明するほかになかった。

第1章　暴力と抵抗

戒厳令

市民が機動隊員に向かって叫ぶ。

「泥棒！　警察呼ぶよ！」

それは根源的で、絶望を含んだ問いだった。警察が違法行為をしたら、いったい誰に頼ればいいのか。同じ問いが繰り返される、そんな高江の日々が始まっていた。

政府がヘリパッド建設工事の準備に着手して4日目の2016年7月14日、米軍北部訓練場のメインゲート近く。市民側のリーダー、山城博治（63）が「高江にもテント村をつくろうぜ」と言い始めた。辺野古ではキャンプ・シュワブゲート前にテント村をつくり、市民の座り込み拠点として2年間守ってきた。それを再現しようというのだ。

市民10人ほどが道路際の草を刈った。続いて屋根代わりのブルーシートを広げたその時、機動隊員約40人がゲートから隊列を組んで出てきた。市民は抵抗するが、多勢に無勢。小競り合いの末、機動隊員は力ずくでシートを持ち去ってしまった。理由の

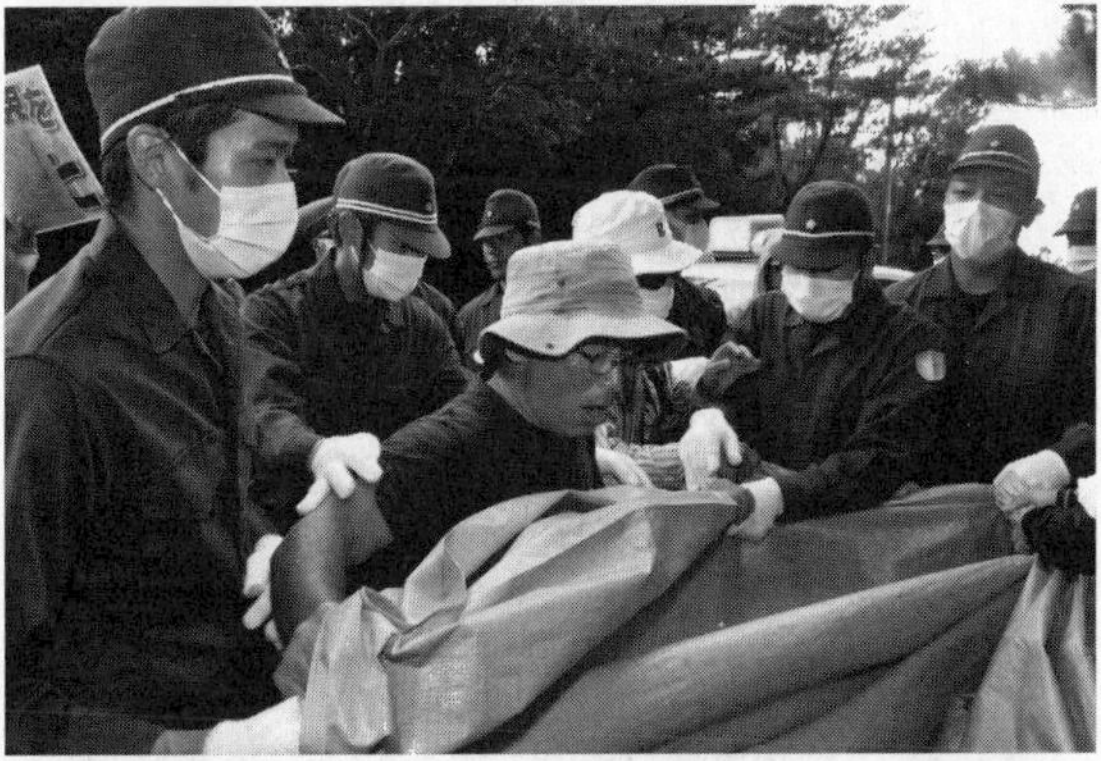

ブルーシートを市民から奪い去る機動隊員＝2016年7月14日、東村高江

説明は一切なかった。

辺野古の轍《てつ》は踏まない。一度テント設置を許したら取り返しがつかない。沖縄県警がそう考えたことは理解できる。ただ、市民は道路の側溝からさらに外側の空き地でブルーシートを広げただけだった。それが何の犯罪に当たるのか。高江では、ピクニックの家族連れも取り締まるのか。

その後、奪った時と同じように説明もなく返されたブルーシートは、引っ張り合ったために大きく裂けていた。

市民よりも、機動隊の行為の方が犯罪の要件を満たしている。強盗に、器物損壊。私は証拠の写真も撮った。だが捜査をする者がなく、当然のごとく不問になった。

市民はこの日も未明から政府の出方を警戒していて、まだ午前8時半を回ったところだった。「もう疲れた。こんなことを辺野古では2年もやってたの?」。「高江現地行動連絡会」の共同代表、間島孝彦(62)は冗談交じりにぼやいた。辺野古のリーダーの一人、沖縄平和運動センター事務局長の大城悟(52)が「だんだん雰囲気ができていきますから」と励ました。

この時期、市民たちは集まるたびに運動の進め方を議論していた。草むらで、公園で、ある時は大胆にもゲートの境界線上で機動隊員に囲まれながら。リーダーの博治は「闘いは最初が肝心。知恵の出しどころは今だ」と繰り返していた。

まず、問題は高江の遠さだった。那覇からだと車で辺野古の2倍以上の時間がかかる。どれだけ人が集まってくれるのか。誰にも見当が付かなかった。

500人派遣の衝撃

市民にとって最大の課題は、沖縄タイムスと琉球新報の2紙が7月13日付で同時に報じて浮上していた。

北部訓練場のメインゲート前で機動隊員に囲まれながら作戦会議をする市民＝2016年7月16日、東村高江

「本土から機動隊約５００人を高江に投入へ」

工事を進める沖縄防衛局の職員すら、最初は信じられなかったという。ある職員は「新聞の見出しを見て『ああ、また飛ばしているな』と思った」と笑った。「そうしたら本当じゃないですか。あんなに小さな集落で、威圧感がすごい。どう映るのか……」と懸念せずにはいられなかった。

高江住民で東村議でもある伊佐真次《まさつぐ》（54）は「恐ろしいことです」と率直に語った。高江の人口は約１４０人に過ぎない。その3倍以上に当たる機動隊員５００人が本土から押し寄せる。

2007年にヘリパッド建設工事が始まった時、2度の反対決議を無視された住民には、座り込む以外の選択肢はなかった。工事は遅れ、業を煮やした沖縄防衛局は驚くべき挙に出る。伊佐ら住民15人の「通行妨害」を禁止する仮処分を裁判所に申し立てたのだ。

防衛局が言う「妨害者」15人の中には8歳の子どもがいた。現場に行ったことがない人すら含まれていた。

そもそも、政府が事業に反対する住民を民事で訴えること自体が異常である。弱い立場の住民を那覇にある裁判所と高江との往復や書面の作成で疲弊させ、抗議を封じる。典型的な「スラップ訴訟」だった。最高裁まで争ったが、最終的に伊佐1人の「通行妨害」が認定されてしまった。両手を挙げているだけの写真が妨害の証拠とされた。

ただ見方を変えると、この時、防衛局は工事を強行するためには民事訴訟に出ざるを得ないという側面もあった。県警が曲がりなりにも中立を守っていて、刑事手続きで住民を威圧することができなかった。防衛局、建設会社と住民側の対立が激しくなると、県警が割って入って仲裁するのが常だった。

しかし、14年の辺野古着工から、構図ははっきり変わった。警察は政権の駒となり、工事を進める立場を明確にした。県警だけでなく、東京の警視庁からも一時機動隊約100人が派遣され、ゲート前に座り込む市民の強制排除を繰り返した。

今回はさらに、その5倍の約500人が全国から派遣される。伊佐は地元住民の組織「ヘリパッドいらない住民の会」の中心メンバーとして、いつでもひょうひょうと、粘り強く抗議してきた。しかし、この時ばかりは「どうなってしまうのか」と、顔をしかめた。

山城博治はこういう言い方をした。

「辺野古では、機動隊にごぼう抜きされてもされても、ニコニコしながら運動してきた。時代をつくるのはおれたちだという誇りがあるから、悲壮感も恐怖も緊張もない。陽気でのんきでしたたかで力強い、そういう運動を高江でもつくっていこう」

私を含め、メディアが取り上げるのはどうしても衝突の場面が多い。しかし博治がつくる運動は歌あり踊りあり、普段はまるで演芸会のようだ。初めて来た人にもマイクを渡し、あいさつしてもらう。間口を広げ、なるべく足を運びやすい雰囲気をつくる。

火の出るような激しさと、細やかな気配り。博治の中で不思議と違和感なく同居する2面性が、運動にも表れる。そのやり方を、機動隊の大部隊を相手にしても貫くことを決めていた。

高まる緊張

本土機動隊の第1陣が沖縄入りしたのは7月16日。約20台の車列が名護市のホテルに入った。現場に張り込んだ同僚がナンバーを確認して初めて、東京、千葉、神奈川、福岡の警察から来たことが分かった。

この後、ほかの記者や読者からも「愛知ナンバーを見た」「警察の大型レッカー車も来ている」と、情報が寄せられた。本土からの派遣は事前に大きく報道されていたから、みなが神経をとがらせていた。最終的に愛知、大阪を含めて計6都府県から来たことが判明した。

宿泊先のホテルは高級リゾートだったため「1泊数万円のぜいたくざんまい」などと批判されたが、少なくとも現場の機動隊員は大半が空いた建物の大部屋に雑魚寝していたようだ。1ホテルでは収容しきれず、ほかにリゾート地として知られる恩納村のペンションも借り上げて分宿した。

それにしても、５００人。この派遣規模の意味を考えてみる。例として、北九州市を拠点とする暴力団、工藤会を挙げる。暴力団の中でも特に危険だとみなされる「特定危険指定暴力団」。米財務省も「やくざの中でも最も凶悪な組織」と認定している。２０１４年、その工藤会トップを逮捕する「頂上作戦」で、福岡県に派遣された応援の機動隊員が約５３０人だった。政府はほぼ同じ人数を高江に差し向けた。凶器を持つ暴力団と丸腰の市民を同列に扱ったのだ。

歴史的には、１８７９年の「琉球処分」で明治政府が派遣した軍人と警察官の合計が今回と同じ約５００人だったという研究がある。武力を背景に琉球王国を取りつぶし、国王を首里城から追い出し、沖縄県として日本に組み入れた。沖縄の意志を力でねじ伏せることを目的とした本土の部隊の派遣。１３７年後、歴史は繰り返された。

「高江現地行動連絡会」共同代表の仲村渠政彦《なかんだかりまさひこ》（67）は、沖縄を出て50年近く福岡県に住んでいる。基地問題の現場で思考を鍛えたい、と年の３分の１ほどは高江に足を運ぶ。

「機動隊５００人の派遣といっても、本土の人はすぐ忘れてしまう。政権はよく見ているよ」

本土の空気を肌で知る者の言葉には説得力があった。

連夜の低空飛行

高江の森を縫って流れる清流のほとりに、安次嶺現達《あしみねげんたつ》（57）、雪音《ゆきね》（45）夫妻が自ら建てた家がある。2003年、騒音の激しい嘉手納《かでな》基地の近くから引っ越してきた。自然の中で5人の子どもを育てる。「最高の場所」――のはずだった。

ところが15年、わずか400メートルの場所にヘリパッドができ、米軍に提供された。「N4地区」と呼ばれる2カ所。安次嶺家は高江住民の中でも一番近くで騒音にさらされるようになった。

さらに16年6月、突然戦場にたたき込まれたような日々が始まった。新型輸送機オスプレイが連日午後11時すぎまで、自宅上空を低空飛行し始めたのだ。就学前から中学生までの子ども4人が眠れなくなり、体調を崩して上の3人は学校を休んだ。

「通り過ぎた後も、子どもたちは胸がバクバクして眠れない。落ちてくるんじゃないかと怖いんです」

雪音は役場に乗り込み、村長の伊集盛久（75）に訴えたが、伊集は「事実確認が必要」と言うのみだった。

「何かあってからでは遅い。悔やんでも悔やみきれない」

仕事がある現達を高江に残し、子どもたちを連れて北側の国頭村に「疎開」せざるを得なかった。

訓練激化は数字でも裏付けられていた。16年6月の夜間騒音発生は383回。14年度の月平均16・2回の約24倍に上った。それでも、この時点で完成していたのはまだ2カ所だけ。

「このうえ4カ所ができたら、本当に出て行くしかなくなる」

安次嶺家は必死だった。

工事再開の「Xデー」は7月22日だと、各メディアが事前に報じていた。未完成のヘリパッド建設予定地「N1《エヌワン》地区」には、二つの入り口がある。市民は地域の幹線道路、県道70号から入る方を「N1表」、反対側の農道から入る方を「N1裏」と呼んでいた。

Xデー前日の21日、そのN1表で集会が開かれ、県内外から約1600人の市民が集まった。東村全体の人口約1800人とほぼ変わらない。高江で抗議行動が始まって9年、最大規模の集会になった。

雪音は即席の演台になった軽トラックの荷台に立ち、人波を見渡した。

「高江にこんなに人が来てくれた、ってうれしくて。絶望しかなかったところに大きな希望の光が見えた。本当にありがとうございます」

少し元気を取り戻したような表情だった。

守れなかった命

演台の前で、集会の参加者が「ワッショイ」と声を上げながらデモ行進をしていた。その列の中に、本島中部のうるま市から貸し切りバスに乗って来た赤嶺智江（63）がいた。

「他の県では熟年のバスツアーと言ったらブドウ狩りかなんかでしょう。ワッショイと言ったらお祭りですよ。私もこんなことしていないで、おみこし担いでワッショイと言ってみたい」

話しかけると、せきを切ったように語り始めた。目には涙が浮かんでいる。

同じうるま市に住む20歳の女性が暴行、殺害され、5月に元海兵隊員で米軍属の男が逮捕されていた（後に無期懲役の判決が確定）。女性はウォーキングという日常のひとコマの中で、突然見ず知らずの男に襲われた。一人娘を奪われた父は事件直後、私の取材に語った。

「これまでも米軍人、軍属の事件があったにもかかわらず、また被害者が出た。戦後71年間、ずっと同じことを繰り返している。責任は米国と日本政府にある」「もう我慢できない。基地全面撤去、辺野古新基地建設反対を願っている。県民の気持ちが一つになれば可能だと思っている」

沖縄の戦後は、米軍関係者による事件、事故の歴史だった。赤ちゃんや幼児まで性被害に遭い、殺され、物のように捨てられてきた。本土復帰に伴い県警が発足し統計が残っている1972年から2014年までの間だけで、殺人、強姦《ごうかん》などの凶悪事件は571件に上る。

この数字すら氷山のごくわずかな一角である。米軍が沖縄の支配者だった復帰前、性被害を告発できた人はもっと少なかった。事件は闇から闇へ葬られた。明るみに出ても加害者が米本国に逃げ帰ったり、無罪放免になったりすることは日常茶飯事。あまりに数が多く、県民なら身近に被害者がいることは珍しくない。うるま市の事件は、遺族だけでなく沖縄全体を深く傷付けていた。

またしても、命と尊厳を守れなかった――。

赤嶺もまた、米兵に追いかけ回され、辛くも逃げ延びた経験がある。知人が深い傷を負って生きてきたことを知っている。3人の娘の母でもある。うるま市の事件が起きて、「世の中の風景がモノクロにしか見えない。普通に笑えていた自分はもういない」と言った。寝ても覚めても、何をしていても事件のことを考えてしまう。家族にも心配されている。

「沖縄県民だけこんなことばっかりさせられて。私たちは、こうやってしか生きられないのか」

デモ行進をしながら嘆いた赤嶺は後日、私にしまくとぅば（沖縄の言葉）で思いの丈を表現して聞かせた。

「にじてぃん、にじららん（我慢しても我慢しきれない）。わじてぃん、わじららん（怒っても怒りきれない）。なちん、なからん（泣いても泣ききれない）」

Xデー

時計の針が午前0時を指し、７月22日を迎えた。

高江の空き地に、記者とカメラマン計12人の沖縄タイムス取材班が集合していた。高江に行くには県道70号の一本道しかない。夜が明けてからでは警察に封鎖されて近づけない恐れがあったため、異常なくらい早く集まってもらった。

暗闇の中に、入社１年目の新人の顔がある。現場記者ではほぼ最古参、私と同じ入社19年目の同期も本社から志願してくれていた。持ち場を簡単に指示して、夜明けまでそれぞれの車で休むことにした。「きょうは歴史的な日になる。しっかり記録を残そう」というようなことを言った。

みんな前日も普通に仕事をしていたから、少し休む必要があった。私は日ごろどこでも眠れるのが特技でもある。だがこの日だけは、車のシートで目を閉じても眠れなかった。徐々に集まってきた市民も、手持ちぶさたな様子で語らっていた。

現場周辺の県道70号は日ごろ交通量が少なく、駐車は禁止されていない。両側にずらっと約１６０台、市民の車が止まっていた。真夜中、道の両側から車を斜めに突き

機動隊のバスが赤色灯を回転させて迫ってくる＝2016年7月22日、東村高江

出す形で止め直し、警察の大型車両が通れないようにした。「これなら大丈夫」と、誰かが言った。

市民は約200人に増えていた。N1表の南と北、両側の路上で座り込みが始まった。南側では、懐中電灯に照らされて空手の形を披露する男性がいた。「空手に先手なし」という格言がある。沖縄発祥の武術は攻撃のためではなく、身を守るための自己鍛錬が神髄である。脈々と受け継がれた平和の思想を体現するかのような、力のこもった演武だった。

その直後、機動隊が動いた。午前4時40分。警察車両の赤色灯が暗闇を照らす。沖縄の非武の文化を蹴散らすように、福岡ナンバーを先頭にした車列が南側から迫ってきた。「ここは沖縄。みなさんがこんなことをするのはおかしい」「お願い、帰って」と、声が飛んだ。

街宣車上の攻防

空が白み始めた午前5時半、今度は北側から機動隊員が突っ込んできた。挟み撃ちだ。見える範囲だけでも150人はいる。市民は車と車の間に座り込み、腕を組み、体でバリケードを作って、機動隊員を足止めしようとした。

もみ合いが始まる。「やめて」「何をしているんだ」などと悲鳴の断片が空を舞うが、圧倒的な怒号にかき消されてよく聞き取れない。全体像を撮影するため脚立に上ったものの、移動してきた人波にのまれて足元が揺れる。いまさら下りることもできない。幸い脚立は最後まで立っていたが、一時は転落を覚悟した。

市民のバリケードを突破した機動隊員は、N1表の正面に到達した。そこでも座り込んでいる市民を一人一人ごぼう抜きしていく。1時間ほどでほとんどの市民は排除され、機動隊が設けた規制区間の外に出された。現場は制圧され、文字通り機動隊の制服の紺一色に塗りつぶされた。

規制区間内の端から端まで歩きながら数えると、現場にいる機動隊と私服の警官は合わせて500人にも上った。県道の幅は約10メートル、規制区間の延長は約100メートル。2平方メートルごとに1人の警官がいた計算になる。この日、高江は間違いなく日本で最も「警官密度」の高い地域だった。だが残念ながら、安全でも安心でもなかった。

市民がいなくなった路上には、多数の車が残されていた。それも機動隊員が携帯ジャッキで持ち上げ、あっけないほど簡単に押し出していった。

残るはN1表をふさぐ形で止めてあった街宣車2台。撤去されまいと、屋根の上に市民15人ほどが陣取っている。それを上回る数の機動隊員がよじ登る。最後の攻防が始まった。

N1表は、工事に入ろうとする防衛局を押し戻し、市民が9年間守り通してきた場所だった。街宣車の上に立つ川上佳子（52）はそれまでの闘いと、病に倒れ亡くなった仲間のことを思い出していた。機動隊員が一斉に向かってきても、「いろんな人の思いが一緒にいるような感覚。怖くはなかった」という。

街宣車から引きずり下ろされる弘田孝明＝2016年7月22日、国頭・東の村境

隣の人と同じように、引きずり下ろされないように体をビニールひもで固定した。とっさに首にも巻いた。機動隊員が両方向からそれを引っ張る。一瞬、首が絞まった。

「こうして殺すんだ！」

思わず叫んだ。ただ命令に従い、握り拳を振るう機動隊員に、戦場の兵士が重なった。こうして戦争が始まるんだ。こうして犠牲が生まれるんだ——。

ひもはすぐに緩んだが、体の力が抜け、意識が遠ざかった。全身がしびれ、頭がひどく痛かったことを覚えている。近くにいた女性が「何やってるの！　死ぬでしょ！」と抗議していた。

街宣車から下ろされ、木陰で介抱される

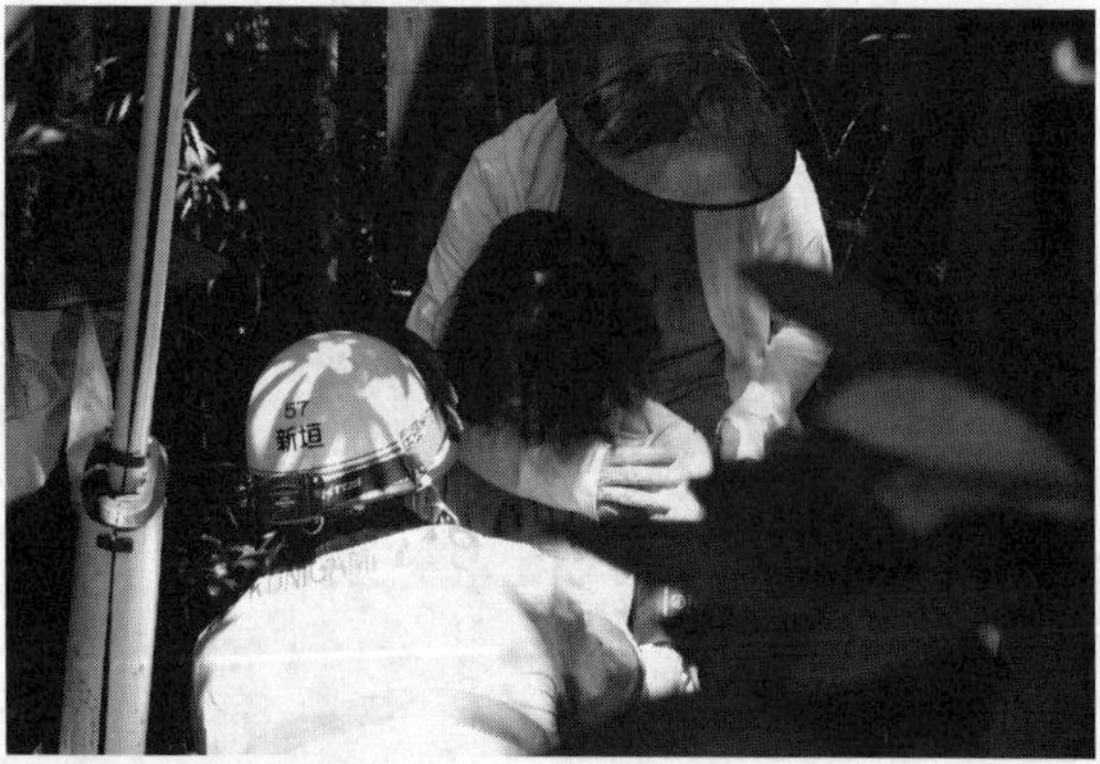

救急隊員の手当てを受ける川上佳子。意識はもうろうとしていた＝2016年7月22日、国頭・東の村境

川上を見た。紺一色の世界に到着した救急隊員の白っぽい制服が、まぶしかった。警察が救急車を通したことすら意外に思えた。それくらいの無法状態だった。川上を含めて3人が救急搬送された。

街宣車の上で看板の骨組みにしがみついていた男性は、背中を強く押し付けられ、肋骨《ろっこつ》を折った。後になって自ら病院に行き、全治1カ月と診断された。「頭に肘《ひじ》打ちを5回され、鉄枠に強く押し付けられた。ものすごい暴力だった」

リーダーの山城博治がマイクで呼び掛けた。

「勝負ありだ。下りよう」

午前9時を回っていた。このままでは本

当に死者が出かねないと考えた。

「つらいです、悲しいです、苦しいです。でも、もうこれ以上は限界だ」

「国家の狂気」

惨状を道向かいから見守っていた新里紹栄《しんざとしょうえい》（64）の目は潤んでいた。

「まるでワシ100羽が小さなスズメを襲って、わしづかみにしているようだ」

中堅住宅メーカーを興し、今も会長を務める経済人。戦争は知らないが、米軍支配下の事件、事故の不条理は全身で感じてきた。「いつまで沖縄をばかにするのか」と、辺野古の抗議運動に身を投じ、得意の三線《さんしん》で場を盛り上げてきた。

日ごろは機動隊の強制排除が始まっても決して声を荒らげない。新里の人柄を知る機動隊員も「会長」と呼び掛ける。ニコニコしながら座り続け、体を持ち上げられる寸前で自ら立ち上がる。

実は狭心症を患っていて、血圧が上がると命の危険がある。周囲は心配するが、「ここで死ぬなら本望です」と気負う様子もなく穏やかに言う。

そんな新里がこの日、悲嘆に暮れていた。一声かけると、「日本人になることに憧れて本土に復帰したんですよ。親として慕い、米軍支配から救いを求めたのに使い捨てにされ、基地を全部押し付けられた。争いを好まない、本当の沖縄を返せ」と、止めどもなく語り始めた。

「なんでこのありさまなのか。機動隊員だってかわいそうだ。日本人よー。早く気付いてほしい。そうじゃないと近い将来、沖縄と同じ目に遭うよ」

岡本由希子（48）も「この異常さが全国、アメリカに伝わるといい」と言った。「異常だね。狂ってる。忘れていた国家の狂気を見た」

那覇市で生まれ育ち、母は東村出身。子どものころ、夏休みは母の実家に泊まり、海や山で遊び回った。「心の原風景」が広がる東村でヘリパッド建設問題が具体化し始めた2006年、友人に誘われて市民団体の立ち上げに加わった。

高江は沖縄の中でさえ、辺野古に比べて「マイナーな問題」の扱いを受けていた。物理的に遠いこと、海の埋め立てがないことも影響していたかもしれない。チラシをつくったり、イベントを開催したりして、都会である本島中南部の人々に「高江に行こう」「高江を見て」と訴え続けてきた。

この間、特に辺野古新基地問題で沖縄の民意は急速に高まった。普天間飛行場の移設先を「最低でも県外」と公約した鳩山由紀夫政権が09年に発足したものの、本土のどこも基地を引き取らない。鳩山自身も能力と準備を欠いていた。翌10年、官僚に説得されて「県外」の旗を下ろし、辺野古に回帰した。

政府は本土の拒否は認めるのに、沖縄が嫌だと言っても聞こうとしない。多くの県民が普通に「差別」を語るようになったのはこの頃からだ。保守の知事である仲井真《なかいま》弘多《ひろかず》さえ、抗議の県民大会に出席して「差別に近い印象」という言い方をした。

開発段階から事故を繰り返してきた新型輸送機オスプレイが普天間に配備されたのは12年。自民党から共産党まで、県民ぐるみの反対もあっさり無視された。14年には安倍晋三政権が辺野古新基地建設に着手。県民は同じ年の知事選と衆院選の全4選挙区で新基地反対の候補者を選んだが、工事が止まることはなかった。

選挙で止まらないのなら、座り込みで止めるしかない。辺野古には連日、100人規模の市民が通った。本島各地からチャーターのバスが走った。政府が深夜に資材を搬入すると、24時間態勢でゲート前に座り込んだ。

沖縄近現代史研究の第一人者、沖縄大学名誉教授の新崎盛暉《あらさきもりてる》は「規模、継続性の点で、沖縄戦後史最大の民衆運動だ」と評した。

16年3月、国と県の訴訟和解によって辺野古の工事が止まり、7月に高江のヘリパッド工事が始まると、辺野古で2年間闘ってきた熱気がそのまま持ち込まれた。やっと岡本が願ってきたような、県民多数が高江に関心を寄せる状況が生まれた。

だが、国の執着はそれをはるかに上回っていた。岡本は「これだけの機動隊を投入しなきゃ造れないというのは、国が自ら正当性のなさを証明しているようなもの。敵意に囲まれた基地は長持ちしない」と指摘したうえで続けた。

「ヤマトの人は沖縄で戒厳令が敷かれても無関心でいられるかもしれない。でも、ここでは戦後日本が築いてきた意思決定プロセスやシステムへの信頼が壊されている。地獄の釜のふたが開いたら、ヤマトの人も一緒に落ちるんだ。もっとリアルに戒厳令を感じてほしい」

目標達成

現場には、弁護士の小《お》口《ぐち》幸人《ゆきひと》(37)もいた。岩手県宮古市で東日本大震災に遭い、被災者の生活再建に走り回った。安保法制反対の国会前デモでは、市民側に立って見守り活動を続けてきた。基地問題をはじめ、日本のゆがみが集中する沖縄で役に立ちたいと考え、3カ月前に東京から沖縄に拠点を移したばかりだった。

この日は高江に泊まり込み、機動隊にもみくちゃにされながら規制や強制排除の法的根拠を問い続けた。しかし、一切の答えがない。「法律に基づいて会話できなければ法治国家が成り立たない。どう法律をひねってもできないことがまかり通っている。本土ではあり得ない」と、首を振った。

「彼らが勝手にルールを作り、人権を壊す。戒厳令とはこういうことだ」

N1表の入り口をふさいでいた街宣車2台はレッカー車で引っ張られて行った。そこへ場違いな大型観光バス1台がやってきた。降りたのは観光客ではなく、防衛局と契約した綜合警備保障（ALSOK）の警備員だった。警察がこじ開けた入り口を守るのだが、幅は5メートルもない。そこへ約60人が押し寄せ、4列に並んで肩を寄せ合った。過剰な人数と予算が異様な光景をつくった。

市民を寄せ付けないようにしたうえで、入り口から工事車両が入っていく。フェンスの設置や下草の伐採が始まった。防衛局はこの日の目標を達成した。

突然の豪雨に打たれる機動隊員＝2016年7月22日、国頭・東の村境

午後0時半前、ずっと快晴だった空から雨が落ちてきたかと思うと、あっという間に豪雨になった。しまくとぅばで言う、かたぶい（片降り）の洗礼。本土から来た機動隊員たちは直立不動で、真っすぐ前だけを見ている。注意深く見つめたが、感情の動きを読み取ることはできなかった。

現場封鎖

山城博治の呼び掛けに、大半の市民は失意の中で引き揚げていた。工事が始まった7月22日の午後。沖縄防衛局の作業だけが淡々と進む。午前0時から現場に入った沖縄タイムスの同僚にも徐々に帰ってもらい、残るのは私と北部報道部の同僚、伊集竜太郎（38）だけになっていた。

午後4時に別の記者2人と交代することになっていた。ところが、約束の時間になっても来てくれない。N1表は携帯電話の電波が悪く、状況が分からない。やっと電話がつながると、約2キロ南の交差点で警官に足止めされているという。機動隊が大型バスを横向きに止めて行く手をふさいでいた。

交代要員の一人で、北部報道部の同僚である西江千尋（29）は差し入れを持っていた。「中の同僚は夜からずっといて、食べ物も飲み物もない。せめてこれだけでも届けさせてほしい」と交渉した。だが、警官は「とにかく規制中で入れません」の一点張りだった。この日は、県道管理者証を示して道路の状況確認を求めた県職員すら追い返されていた。

私たちが現場に来てから16時間が経過していた。徹夜の後に7月の太陽を浴び続け、体力は限界。水も食料も尽きた。N1表周辺にはコンビニどころか自動販売機もない。空腹と渇きの中、めまいや頭痛と闘った。伊集は手のしびれを感じていた。熱中症を自覚した。だが、現場を放棄したら、タイムスで事態を記録する者がいなくなる。最後は意地で脚立の上に座っているだけだった。

本社社会部の担当記者が県警と掛け合ったこともあり、ようやく現場封鎖が解除されたのは午後5時。午前6時から連続11時間にも及んだ。西江が差し出してくれたコンビニの塩おにぎりや水は、これ以上ないごちそうだった。

問答無用

翌23日も高江に行くのは、気持ちも体も本当に重かった。ハンドルにもたれるようなありさまで、何とか運転していく。高江の集落を過ぎ、前日に道路封鎖をしていた交差点まで来ると、警官が赤い三角の旗を振っている。「とまれ」の文字。今度は検問だ。一気に目が覚めた。

工事再開の直前から警察がゲリラ的に検問をすることがあり、市民が激しく反発していた。片っ端から車を止め、「どこに行くんですか」「何をしに？」と尋ねる。免許の提示を求め、名前や住所といった個人情報を書き取ることまであった。抗議現場に市民を近づけないための露骨な嫌がらせだった。

一斉検問は交通事故多発地点であることなど、限られた条件下で認められる、という最高裁の判例がある。高江集落から北に行った所にあるこの地点は、沖縄本島の県

県道70号で全ての車を止め、検問する福岡県警の機動隊員＝2016年7月23日、東村高江

道で一番と言っていいほど交通量自体が少ない。法的根拠はかなり怪しかった。

警察も自覚していたのだろう。私が車を降りて写真撮影を始めると、しつこく妨害を始めた。

「ここに車を止めないでください」

「駐車禁止じゃないですよね？　検問なら私も後で受けます」

「とにかく危険だから移動してください」

担当は福岡県警の機動隊だった。押し問答の末、責任者は「あなたの会社に電話しますよ！」と激高した。脅しのつもりだったのか。「どうぞ、お願いします」と返したら黙ってしまった。

警察が「アングル」と呼ぶ車止め。車が乗り上げると食い込み、運転できなくなる構造＝2016年8月27日、東村高江

個人情報を聞きだそうとする検問はその後、見られなくなった。代わりに、通行止めが恒常化した。

ヘリパッド建設には、大量の土砂がいる。土砂はダンプで北部訓練場メインゲート内に集積されていた。それを北側のＮ１表までピストン輸送する。メインゲートとＮ１表の間の県道2キロ弱は、毎日のように数時間の通行止めが繰り返された。

文字通り、問答無用だった。機動隊員が、先がとがった車止め（アングル）を県道に置いたらそれで終わり。何時まで続くのか、なぜ止められるのか。いつ誰が尋ねても、明確な答えはなかった。

通りすがりに巻き込まれた市民は「説明

もできないようなことをしているのか」「こんなことでは、誰も警察の言うことなんて聞かなくなる」と怒りをぶつけたが、あくまでも説明しないことが現場の一貫した方針だった。マスコミが県警本部に問い合わせた場合だけ、「先の交通環境が変化している」「交通安全のため」などと、実態とかけ離れた説明が返ってきた。

別天地

高江集落から県道に出る唯一の出入り口が封鎖されたことまであった。8月10日、午前7時半という通勤時間帯に、集落の全員が閉じ込められた。警察は抗議行動を封じようとするあまり、地域住民のことも眼中になくなっていた。「やりすぎだ」と住民から抗議を受け、さすがに15分で解除になった。

この日は驚くことばかりだった。続いて警察車両が「牛歩戦術」を始めたのだ。砂利を積んだダンプを北へ通した後、機動隊バスなど3台がわざと県道をのろのろ運転する。後続の抗議市民をダンプに近づけないようにした。私の車も巻き込まれた。時速は常時5キロ以下。一瞬停車することもあった。片側1車線で追い越し禁止なので、どうすることもできない。

あまりに歩みがのろいので、ビデオカメラマンが徒歩で追いついてしまった。カメラを向けると警察車両は加速する。数百メートル引き離すと減速し、追いつかれるとまた加速、を繰り返す。カメラマンは「インディペンデント・ウェブ・ジャーナル(IWJ)」の阿部洋地《ひろくに》(34)。

「警察がこんなことをやっていると知られたら都合が悪いからでしょう」

高校時代は陸上短距離の選手だったというが、鬼ごっこを繰り返して「さすがに疲れました」と苦笑する。滑稽というか、あきれるというか。人目につかない山奥で、警察はどんな手でも使った。

8月12日にはこんなことがあった。通行止めにされた車列の中に「畑に行く」「友達に会いにいく」と訴える2台がいて、警察は対向車線を使って北へ通した。続く3台目は、運転手が「たかえをこわすな!」と書いたプラカードを持っていた。警察はそれを見るや車を止めた。思想による選別そのものだった。思想の自由、集会の自由、移動の自由も、全て存在しない。簡単に言えば、高江に日本国憲法は適用されていなかった。

運転していた深水登志子(40)はかつて高江に1年半住み、「ヘリパッドいらない住民の会」の事務局を務めていたことがある。この時は仕事場のある福岡から応援に来ていた。「こんな高江は見たことがない。日本政府の侵略軍に占拠されたみたい」と嘆いた。

「警官には何も聞かれていない。これから抗議行動をするとも言っていないのに、通行の自由を奪われた。砂利だけが大事に守られて、市民の人権がないがしろにされている」

この場の担当は沖縄県警だった。私は機動隊の責任者に「思想による差別ではないのか」と聞いたが、「私が答えることはできない」と返すのみだった。

照屋勇賢《ゆうけん》(43)は米ニューヨークを舞台に活躍する沖縄出身の美術家である。一時帰省中の11月7日、高江の北側の国頭村に住む知人を訪ねる途中で通行止めに遭った。愛知県警の機動隊員に免許証の提示を求められた。見せるだけで渡しはしなかった。合法な行為なのにそれだけで怪しまれ、トランクを開けるよう指示された。知人にあげる野菜やパンが入った袋まで調べられた。工事反対のプラカードも、もちろん凶器も出てこない。一体、何の罪があるというのか。

車内の検索までしたのは、私たちが把握している限りこの1件のみだった。結局、1時間にわたって足止めされた照屋は「警察に協力したい気持ちはあるが、これでは信頼関係もなくなる。非常に残念」と話した。県警は照屋の件について、「不審な点があった」「調査は任意だった」と主張した。山奥で目撃者も少ない事案の説明は、後からいくらでもできる。

機動隊員が県道沿いのあちこちに立って目を光らせ、行き交うのも警察車両ばかり。そんな高江から北部報道部の事務所がある名護市に戻ると、いつも緊張がほどけるのを感じた。車で1時間しか離れていないのに、全くの別天地のようだった。

第2章　弾圧と人権

逮捕続出

およそ150人が待ち受けるその男は、長靴姿で現れた。

2017年3月18日夜、那覇拘置支所前。市民のリーダー、沖縄平和運動センター議長の山城博治（64）が5カ月ぶりに解放された。

「せっかくの晴れの日に。見てください」

黒い長靴に、白く乾いた高江の土がこびり付いていた。「高江の山で捕まったままだよ」と笑わせた。

沖縄防衛局が山中に張った有刺鉄線を切った容疑で、16年10月17日に逮捕された。被害額は2千円という微罪だった。沖縄県警はさらに微罪を用意し、2度の再逮捕を重ねた。

裁判所は捜査当局の要求通りに逮捕、勾留を認め続け、弁護団の保釈請求を12回にわたって却下し続けた。152日に及んだ拘束のほぼ全ての期間、「証拠隠滅の恐れ」を理由に家族とさえ接見を許さなかった。

保釈された山城博治は仲間と再会し、会心の笑顔を見せた＝2017年3月18日、那覇拘置支所前

博治は前年に悪性リンパ腫で抗がん剤治療を受けていて、健康悪化も懸念された。国連の「表現の自由に関する特別報告者」など３人の専門家と１機関が、日本政府に懸念を伝える連名の文書を送った。世界最大の人権ＮＧＯ「アムネスティ・インターナショナル」も人権問題だとして解放を求める国際行動を展開した。

弁護団長の池宮城《いけみやぎ》紀夫《としお》（77）は「この程度の事件で５カ月もの勾留は考えられない。弾圧事件を45年間やってきて初めてだ」と憤った。

「一検事の発想ではない。運動をつぶそうとする東京からの指示に基づいた弾圧だと受け止めている」

沖縄県警はそれまで、博治の逮捕には慎重だった。何もないところから現場の運動をつくり、盛り上げてしまう目の上のたんこぶではある。一方で、運動の暴走を抑えたり、7月22日のように事態が破局に至る前に収拾したりできるのもまた、博治しかいない。広く支持を得ているリーダーを逮捕した場合の反発、抗議の激化も計算せざるを得なかった。

高江に先立ち、博治は辺野古でも2回逮捕されていたが、これは基地侵入を理由にした米軍の判断だった。県警は身柄を引き受けて形式的に逮捕しただけで、2回とも翌日には釈放していた。

国家意思としての博治逮捕が現実になったのは首相官邸の司令塔、官房長官の菅義《すがよし》偉《ひで》が沖縄を訪れた9日後だった。菅は10月8日、自衛隊ヘリから建設予定地を視察した後、ヘリパッドを16年中に完成させると宣言していた。工事を加速させるため、リーダーを狙い撃ちして現場から引きはがす。現場の機微も世論への配慮も吹き飛び、白昼堂々と露骨な弾圧が実行された。

思想犯

博治が拘束されている間、実際に高江の工事は完成に近づき、16年12月にはオスプレイの墜落事故まで起きた。私は博治の考えを聞こうと思った。弁護士以外は接見できないので、書面で質問を託した。博治はこう回答してきた。

「戦争国家へ邁進《まいしん》する安倍政権のすさまじい攻勢を受けて翁長《おなが》県政、全県民が苦境に立たされていると思う。これまで培ってきた県民の団結で、この事態を打開していく道はあると信じる。県民の皆さま、頑張って参りましょう」

拘束されてもなお、県民を鼓舞していた。

沖縄タイムスに続いて琉球新報も書面インタビューを掲載した。2紙を見た那覇地検の検事は、弁護団に質問書を送り付けた。接見禁止なのになぜ取材に協力したのか、と詰問調である。何か違法な点でもあるのか、と問い返す弁護団。検事はそれには答えず、とにかく「考えが聞きたい」の一点張りで4回も質問書を送った。

記事を通じて仲間に証拠隠滅の指示でもしていれば法に触れる可能性があるが、もちろんそんなくだりはなかった。弁護団の三宅俊司（65）らが送り返した反論文が全てを言い表している。

「辺野古高江の闘いを鼓舞する内容を問題とするなら、それこそ接見制限を利用した市民活動の弾圧である」「被告人は裁判所に事件に関連して拘束されているにすぎず、人格まで従属させられているものでも、拘束によって独立性、自立性、主体性を否定されているものでもない」

検事は那覇地裁への書面でも、このインタビューに答えた博治を「明らかに不適切な方法での扇動行為」「順法精神に欠ける行動」と批判した。なぜ不適切なのか説明しないまま、だから保釈や接見禁止解除は認めるべきでないと主張した。博治の身体の自由を奪うだけでなく、思想と言葉まで封じ込めようとする。検事の主張は、博治を思想犯として扱う異様なものだった。

「悪魔扱い」

「デーモナイゼーション（悪魔扱い）」という言葉を、デービッド・ケイ（48）は使った。国連人権理事会の目や耳の役割を果たす「特別報告者」。国際人権法を専門とする米国の大学教授で、表現の自由の分野を担当している。

16年4月に訪日した調査の報告書（翌17年6月、人権理事会に提出）で、沖縄の抗議行動や報道に加えられる圧力に懸念を表明した。「不均衡な重罰を科すなど、抗議参加者を公に『悪魔扱い』することは異議申し立ての基本的な自由をむしばむ」と言及した。

捜査当局の博治への対応は、「悪魔扱い」そのものだった。

検事は地裁への書面に「釈放されれば多数の同志らと共に被害者（防衛局職員）を畏怖させたり、身体的あるいは精神的危害を加えたりするおそれも大きい」と書いた。

検察側証人の防衛局職員が出廷する際には「報復を恐れている」として、ついたてで隠すよう要求した。弁護団の金高望《かねたかのぞみ》（41）は「検事の妄想、空想、レッテル貼り」とあきれた。ところが、地裁もこれを追認した。証人は性犯罪の被害者ではなく、公権力を行使した政府職員である。憲法が保障する公開原則に反した形で、公判が続いた。

そんなさなかの17年6月、博治は地裁の渡航許可を取ってスイスのジュネーブを訪問した。各国政府代表が居並ぶ国連人権理事会に出席し、声明を発表した。

「自供と抗議運動からの離脱を迫られた」

国連の特別報告者デービッド・ケイ（右）と握手する山城博治＝2017年6月16日、スイス・ジュネーブの国連欧州本部

「日本政府が人権侵害を停止し、軍事基地建設に反対する沖縄の人々の民意を尊重することを求める」

国内で被告人席に座らされた博治が、国連で逆に政府を告発する。日本政府がかつて経験したことのない事態だった。

博治はジュネーブでケイとも初めて会い、固く握手を交わした。国連のスタッフたちは「山城議長は人権の擁護者である」と明言した。活動を通じて自分だけでなく多くの人の人権を守っているため、特別な保護の対象になることを意味する。「今後も見守っていく。安心してほしい」と、博治に声をかけた。

国内では刑事被告人、国連では人権の擁

護者。博治は「県民の平和への思いを果たすために運動してきて、手錠と腰縄をかけられた。獄中では一人だったけど、世界では一人ではない。孤立していないことがよく分かった」と話し、目に涙を浮かべた。元来、自他ともに認める泣き虫である。

重なる微罪

博治が問われた三つの容疑と、国側の行状を比較してみる。

①2千円相当の有刺鉄線を切った器物損壊容疑。これに対し防衛局は、代々受け継がれた高江のかけがえのない森を一時無許可のまま伐採し、損壊した

②防衛局職員に全治2週間※の打撲を負わせた公務執行妨害と傷害容疑。機動隊は連日の強制排除で市民の体に無数の打撲、あざを残した。全治2週間どころか1カ

※全治2週間とされた防衛局職員のカルテに、「希望により2W」という記述があることが公判で明らかになった。医師は「2W」とは2週間の意味で、「本人（の希望）だったのかなと思う」と証言した。

月以上の大けがもあった

③辺野古のキャンプ・シュワブゲート前にコンクリートブロックを積み、工事車両の出入りを妨害した威力業務妨害容疑。機動隊は高江で、連日ありとあらゆる車両の通行を説明もないまま止めた

国側の所業は全て不問のままである。バランスを著しく欠いている。辺野古でブロックを積んだ容疑に至っては、再逮捕の16年11月29日からさかのぼること10カ月前、警官多数が目撃し、ビデオカメラを回すなかで展開されていた。本当に逮捕が必要ならいつでもできたのに、高江での容疑が出尽くしたタイミングで持ち出した。

さらに、16年末には辺野古の工事再開が控えていた。市民の拠点であるキャンプ・シュワブゲート前のテント村や沖縄平和運動センター事務所を捜索する理由に使い、貴重な情報が入ったパソコンなどを押収することに成功した。

共謀罪先取り

博治は逮捕前、携帯電話が盗聴されていると訴えていた。自分の声が跳ね返ってく

る、雑音が入る、声が急に小さくなる、しまいには突然通話が切れる。私と話している時にも「盗聴されているから切る」と言うことがあった。証拠はない。だが十分あり得ることだと思った。

17年7月11日、「共謀罪」を新設する改正組織犯罪処罰法が施行された。高江の工事が動きだしてちょうど1年後になったのは、皮肉というべきか。沖縄の基地反対運動が主な標的の一つになっていることは間違いない。

共謀罪の下、博治が率いるような市民団体は捜査当局の考え一つで「組織的犯罪集団」に認定できる。実行前の共謀を立証するには、盗聴が不可欠である。対象は博治などのリーダーからメンバー一人一人に、手段は電話からメール、無料通信アプリ「LINE（ライン）」へと広がり、日常化していくだろう。

共謀罪の対象犯罪に、組織的威力業務妨害がある。メンバーの誰かがLINEのグループで「またゲート前にブロックを積んででも辺野古新基地建設を止めたい」と書き、特に反対が出なかったとする。これだけで、捜査当局が「計画」成立とみなす余地がある。後は「準備行為」が確認できれば立件できる。

ゲート前では毎日抗議行動がある。メンバーの誰かが参加した瞬間、捜査当局がそれをブロック積みの「下見」だとみなし、全員を対象に逮捕、家宅捜索といった強制捜査ができるようになる。

実際、博治たちによる辺野古のブロック積みは威力業務妨害罪で起訴された。「組織的」が付かず、こちらは共謀罪の適用外だが、捜査当局はメールやＬＩＮＥを調べ、「組織的犯行」を指摘していた。この時逮捕したのは４人。網を広げようと思えば関わった全員を逮捕することもできた。共謀罪までの距離はあとわずか。導入を先取りするような捜査だった。

無差別監視

無差別な監視は既に始まっている。高江で辺野古で、抗議行動がある所には機動隊のほかに必ず警備部門の私服警官がいる。証拠を採取する「採証班」として、棒の先に付けたビデオカメラで市民を撮影する。数人のもみ合いに対して、カメラ４～５台が集まることも珍しくない。市民が「撮らないで」と言っても執拗《しつよう》に続けるので、よくトラブルの元になっている。

捜査当局が市民を撮影すること自体、何に使われるか分からないと思わせ、表現の自由を萎縮させる。犯罪がまさに起きているなど、やむを得ない場合に認められるとした最高裁判例がある。本来はよほど慎重に使わなければならないが、沖縄では完全にたがが外れている。

高江の現場に向かう運転中、ファインダーをのぞかずに沿道を撮影していると、ビデオカメラを持った私服警官に大声で注意された＝2016年8月12日、東村高江

高江でヘリパッド工事が再開されてから、隣村の大宜味村《おおぎみそん》では自然発生的に抗議行動が始まった。

ダンプは北側の国頭村にある採石場で砂利を積み、大宜味村を通って東村に抜ける。毎朝、目の前を通る車列を座視できない。かといって高江の現場までは40分以上かかる。仕事がある人は頻繁には行けない。心を痛める住民の中には90代の女性もいる。せめて、反対を訴えるプラカードを掲げることにした。車に飛び出したりしない、と平和な行動を申し合わせていた。

車列を「護衛」する警察車両は、この10人ほどのささやかな行動にもビデオカメラを向けた。わざわざ速度を落として「なめるように」撮る警官もいた。自治会長に当たる喜如嘉《きじょか》区の区長、大山美佐子(63)は「脅しなのか。絶対に許せない」と怒った。住民の50代女性は「地元のおじさん、おばさんが平和に抗議しているだけ。県警はそれもさせないのか」と本部に苦情を申し出た。返ってきたのは、ほかの場所で「飛び出しや寝転びなどの違法行為がある」、だから「適正な職務である」という答えだけだった。

警察国家の扉

工事車両の護衛が、警察の日常業務と化していた。

砂利を積んで高江に向かうダンプは通常10台。それを2倍の警察車両20台が守るのが通例になった。車列にはパトカーのほかにバスもあり、中には機動隊員が乗ってい

ダンプを先導する警察車両の行列。パトカー、覆面パトカー、バン、バスとあらゆる車種がそろった＝2016年8月12日、東村宮城

た。抗議の市民によってダンプが足止めされれば即座に出てきて排除する。まさに用心棒の働きだった。

テレビ番組の取材をきっかけに高江に通っている米国出身の詩人、アーサー・ビナード（49）は厳重な護衛を見て皮肉った。

「本当は砂利じゃなくて金塊を運んでいるに違いない」

落ちている砂利を広島の自宅に持ち帰って自慢した、と笑った。

警察車両が工事作業員のタクシー代わりに使われたこともあった。16年9月2日、N1表に数台の警察車両が到着した。降りてきたのは、弁当などを持った作業員20人。住民の男性は目を疑った。「警察が工事に加担するのか」

この日はN1表の北側で抗議行動があり、作業員の車両が通れなかった。車を降り、市民の間を歩いて通り抜ける作業員を警官が護衛した。その先でさらに警察車両に乗せ、約3キロ運んであげた。県警本部は「市民と相対するとトラブルになる可能性があり、安全確保のために同乗を呼び掛けた」と釈明した。同じことを3日後にも繰り返した。

基地内の工事現場では逆に、警察が建設会社のやっかいになっていた。機動隊員約20人がトラックの荷台に乗せてもらって移動しているのが目撃された。公道ではないから違法ではないし、人目にも触れにくい。それにしても、警察と沖縄防衛局、建設会社の完全な一体化を象徴していた。

対立する一方に肩入れする状態は、警察法2条2項が定める「不偏不党かつ公平中正」に反している。抗議行動で、この条文を印刷したプラカードを掲げている人がいた。現場の警官はどんな気持ちで眺めただろう。

14年7月、辺野古の着工時点から工事推進の側に立つようになった警察は、公務執行妨害など微罪による逮捕を始めた。「警官の拡声器のひもを引っ張った」「警官の顔につばがかかった」などという例もあった。着工から2年間、辺野古で延べ21人が逮捕された。

それが、高江でヘリパッド工事を再開した16年7月以降、さらに加速した。半年間だけで逮捕は延べ19人。4分の1の期間で、ほぼ同じ数の逮捕者が出た。「車を急発進させて警官をのけぞらせた」という容疑すらあった。

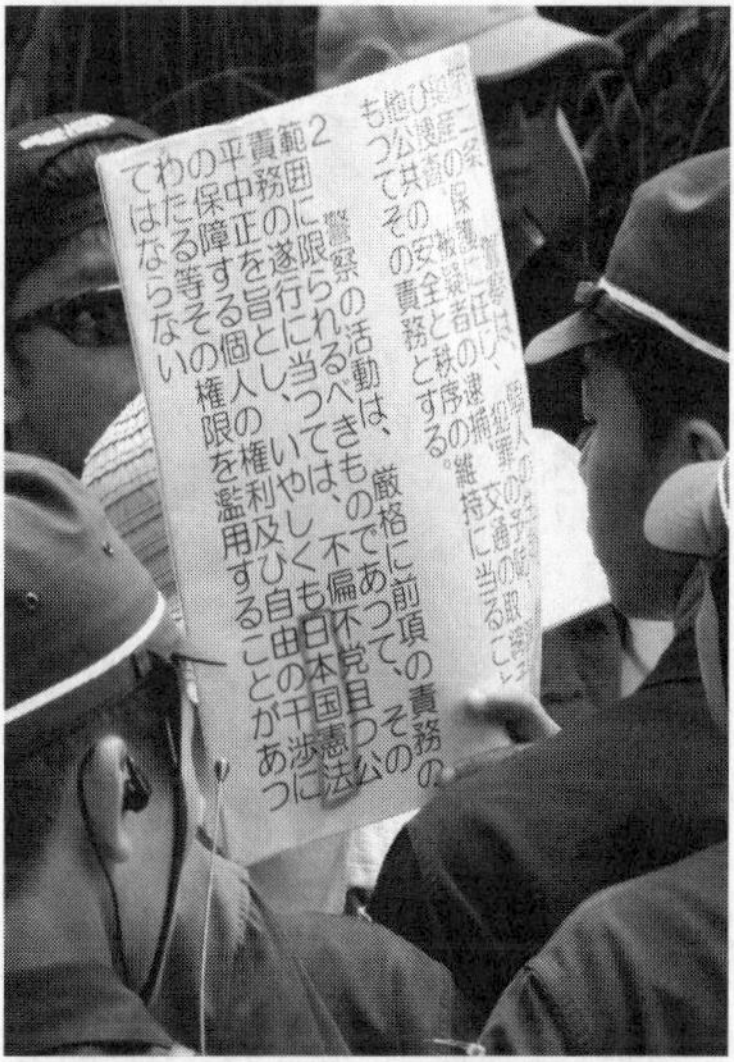

警察法2条をプラカードにして警官に示す市民。「日本国憲法」の文字が強調されていた＝2016年9月21日、国頭・東の村境

前出の警察法2条2項には「いやしくも日本国憲法の保障する個人の権利及び自由の干渉にわたる等その権限を濫用《らんよう》することがあつ

てはならない」という定めもある。形式的に逮捕の要件を満たしたとしても、ほかの穏当な手段で済む場合や真の目的が別にある場合は権限の濫用に当たり、許されないというのが定説になっている。

この条項は、戦前の警察国家の再来を防ぐために盛り込まれた。逆に言えば、公平中正でなく、権限の濫用も多発する現在の警察は限りなく戦前に回帰しつつある。

警官はみな、任官する時に宣誓する。

「何ものにもとらわれず、何ものをも恐れず、何ものをも憎まず、良心のみに従い、不偏不党かつ公平中正に警察職務の遂行に当たることを固く誓います」

警察組織は原点から遠く離れた位置にいる。自ら気付く時は来るだろうか。

暴力の嵐

裂傷は深く、「骨が見えた」という。

私が名護市辺野古の自宅に駆け付けた時、島袋文子（87）はベッドに腰掛けて休んでいた。右手小指が包帯でぐるぐる巻きにされ、3倍以上の太さになっていた。救急車で運ばれて5針縫った。指の間には血糊《ちのり》がこびりついている。腕には機動隊員の指が食い込んだ赤黒いあざが4本、はっきり残っている。

文子は辺野古の地元住民として座り込みに参加し続け、いつしか新基地反対の象徴的存在になった。高江で工事が再開されると、「高江も辺野古も同じこと。命を殺させるわけにはいかない」と言って、仲間の車に1時間以上揺られて通い始めた。

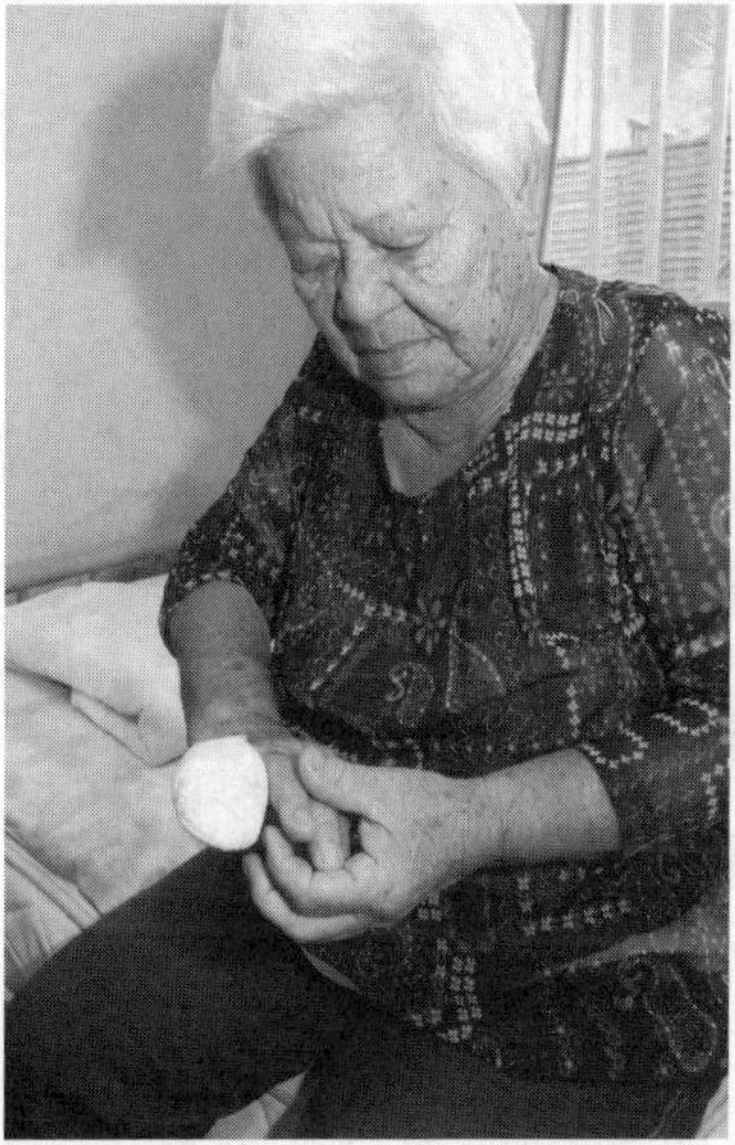
右手小指を深く切り、病院で手当てを受けた島袋文子＝2016年8月22日、名護市辺野古

8月22日はN1表の南にある小さな橋、高江橋の攻防に居合わせた。ダンプを止めようと座り込む市民を、機動隊が次々に排除し、「監禁場所」に入れていく。機動隊の

「監禁場所」の例。バス2台、ガードレール、機動隊員に囲まれて身動きが取れない＝2016年10月5日、国頭・東の村境

バス2台、ガードレール、そして機動隊員の人垣で四方を囲んだ場所のことだ。この日の監禁は約2時間に及んだ。

2012年、オスプレイ配備に反対する市民が普天間飛行場の各ゲート前に座り込んで封鎖した時、沖縄県警がこの手法を導入。その後、辺野古や高江でも常態化した。警察が市民をごぼう抜きした後、「また座り込むかもしれない」という予測だけを根拠に身体拘束を続ける。戦前の治安維持法で悪名高い予防拘禁と本質的に何も変わらない。

この監禁場所に、足が悪く、車いすに乗る文子も閉じ込められそうになった。座ったまま、バス後部についた取っ手を右手でつかみ抵抗していると、後ろから機動隊員が「触るな！」と怒鳴った。右腕をつかまれ、下に強く振り下ろされた。バスのどこかに右手小指が当たり、血がだらだらと流れ落ちた。

大けがである。それでも、文子はたんかを切っていた。

「私はね、死んで腐った人間が入った水を飲んで生き延びてきたんだよ。ここは沖縄だ。こんなばかなことをやるんだったら、その水の味を知ってから来い」

沖縄戦のある夜、戦場で水たまりを見つけて渇きをいやした。翌朝明るくなり、その中に遺体が浮かんでいたことを知った。

文子の行動原理はただ一つ。

「今、ここで基地を造らせたら、沖縄にまた戦争が来たら、亡くなった人たちに申し訳が立たない」

機動隊員に向かって「私に予備の命はない。一つしかない命をかけて反対しているんだ」と言うのは、決して大げさではない。このけがの翌日も、「火炎放射器で左半身を焼かれたんだ。こんな傷くらい」と言って、高江に出かけた。

「沖縄の反戦おばあ」などと紹介され、柔和なイメージで知られる。心には烈火を秘

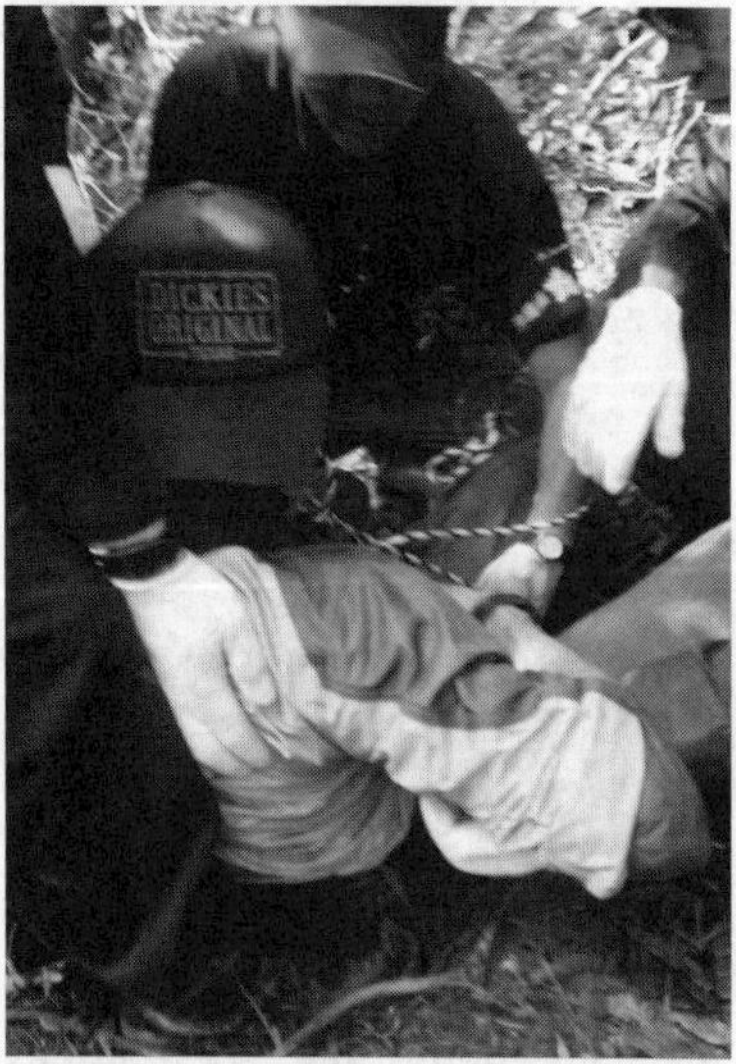
市民をトラロープで縛る警官＝2016年9月28日、北部訓練場内（提供）

めている。

食い込むロープ

トラロープという商品がある。黄色と黒の2色で編まれるので、そう呼ばれる。直径は1センチほど。機動隊がその細いロープを市民の体に巻き付け、物のように引きずり上げるという信じがたい出来事があった。16年9月28日のことだ。

その6日前から、市民はヘリパッド建設現場に立ち入って阻止行動を始めていた。北部訓練場の中であり、米軍を保護するために制定された刑事特別法違反（施設侵入）に問われる恐れもある。それでも、工事が進むのを黙って見ていられないという人々がいた。

市民たちは70度はあろうかという急斜面の下に座り込んでいた。その体を機動隊員がロープで縛り、数人がかりで10メートルほど引き上げて排除した。細いロープが体に食い込む。機動隊員が足を滑らせた拍子に落とされ、切り株に腰を打ち付ける。足を捻挫して救急車で運ばれた人もいた。

最後まで抵抗していた女性は「あり得ない光景だった。近くにはとがった切り株もある。一歩間違えれば大事故になる。こんなことを許したら今後何をされるか分からない、と思って必死に抗議した」と振り返った。

笑いながら「首も絞まっちゃうよ」と言った警官がいたという。一方、県警本部長の池田克史は県議会で「命綱の代わり」「災害救助をする形」と主張した。池田は警察庁から異動してきたキャリア官僚である。

県民同士の争い

なぜこんな暴力が起きるのか。現場で警官と向き合う市民は、やりきれない思いを抱え込む。

16年7月、いつも最前線にいる山城珠代（50）は黒あざが刻まれた二の腕を機動隊員の目の前に突き出していた。

「見てよ、見て」

「同じウチナーンチュ（沖縄の人間）同士でしょ。何でこんなことまでしなきゃいけないの」

若い機動隊員たちは全力で目を背けていた。

年上からも年下からも「たまちゃん」と呼ばれて信頼される山城。若い機動隊員はちょうど子どもの世代だ。いつも、「私の人権を奪える世界は、あなたたちの人権も奪える世界なんだよ」「みんな苦しいんだよ。それを分かって」という風に語り掛ける。

警官は敵ではない。

「警官になるくらいだから、みんな正義感があって根はいい子たち。本当は沖縄の宝なのに」

県民同士が争わされる構図が許せない、政府が憎い、と話した。

沖縄県警の機動隊員に静かに語り掛ける泰真実＝2016年10月20日、名護署前

こんなこともあった。16年10月、山城博治が勾留された名護署前の抗議集会で、泰真実（51）がトラメガのマイクを握った。泰は抜群に歌がうまい。辺野古のゲート前で歌い始めた1970年代の労働歌「座り込めここへ」は、闘いに欠かせない歌としてすっかり定着している。だが、この日は歌わず、署の前を固める県警の機動隊員に向かって静かに語り始めた。

「私たちはこの島を愛しています。逃げる場所はない。ここで生きていく。だから、どんな脅しにも屈しません。どんな圧力をかけても、私たちの心を折ることはできません。皆さんはどうですか。何を信じてこの島で生きていきますか。私たちは運命共同体ですよ。私たちの子ども同士を闘わせますか。孫同士も闘わせますか。もうやめましょう、こんなこと。一緒に雨に打たれ、一緒にてぃーだ（太陽）を浴びて生きていくんです」

夕暮れ、名護署前の国道を行き交う車は騒がしかったが、聞く者の心には不思議な静寂が満ちた。話しかけると、泰は22年前に名護市内で子ども3人が行方不明になった事件を振り返った。ボランティアを組織し、機動隊員と肩を並べて捜索したという。

「普段は一緒なんですよ」

取材中は感情的にならず観察と記録に徹することを心掛けている。この時はなぜだか涙があふれて仕方がなかった。

記者拘束

「きどう隊車両と車両の間に入れられて／何のけんりがあってするのか／現場けいさつ官、せつめいせず」

「かんきんされた　不当かんきん」

琉球新報記者の阪口彩子（30）はノートに書き殴った。2016年8月20日、N1表の南にある高江橋で取材中、警官に拘束された。

ダンプの通行を止めるため橋の上に座り込んだ市民約50人を、機動隊が強制排除していた。写真を撮っていると、沖縄県警の私服警官が正面から両肩をつかみ、押してきた。「下がって。危ないですよ」。そこへ機動隊員3人が加わった。両腕をつかまれ、背中を押されて約40メートル移動させられたあげく、機動隊バスの間の「監禁場所」に押し込められた。

肩から下げたカメラのストラップに報道腕章をつけていた。警官の顔の高さまで上げて「新報です」「仕事で写真を撮っています」「何の権限があるんですか」と問い続けた。返事がないまま、拘束は15分間続いた。ノートにはこうも書いた。

「なぜ弾圧されるのか／おかしいよな／報（道）の自由を　表（現）の自由を犯している」「戦の足音がきこえる、というのは　まちがっていない／きいてもこたえない」

この異常事態を忘れてはいけないという一心だった。

沖縄タイムスの知念豊（37）は同じ現場で2回、計30分にわたって拘束された。不意に機動隊員4人に囲まれると、やはり両腕をつかまれ、背中を強く小突かれて監禁場所に入れられた。「拘束されてたまるか、と思った」。だが、「腕をほどこうと抵抗したけど身動き一つできない。あっという間の出来事だった」と振り返る。

入社後13年間は販売畑の仕事をしてきた。4月に記者になって4カ月あまりでこの事態に出くわした。それでも「報道の自由って分かるよな?」と、きっちり抗議した。若い機動隊員は「前に進んでください」と言うばかりだった。

たまたま腕章を忘れていた。代わりに顔写真入りの社員証を示し、解放を求めた。出入り口をふさぐ機動隊員は何も答えない。15分後、外側を私服警官が通りがかった。「仕事にならない。出してほしい」と交渉し、やっと解放された。

それもつかの間。現場に向かって歩いていくと、今度は新報の阪口が拘束されている。思わず声が出た。「彼女は記者だぞ」。すると、自分も再び捕まった。阪口と一緒にさらに15分間。強制排除が続く間、取材の機会を奪われた。2人が最終的に解放された時、排除は全て終わっていた。

すり替え

警察は少なくとも途中からは2人が記者だと分かっていた。分かっていて、拘束を続けた。高江では実にいろいろなことが起きたが、報道の自由の弾圧も完全に一線を越えた。タイムス、新報ともに編集局長が「現場には県民に伝えるべきことがあった。警察の妨害によって、その手段が奪われたことは大問題だ」などと抗議声明を出した。

本土メディアでは神奈川新聞がちょうど記者を派遣していて、拘束があった直後の現場を取材した。高江と差別の問題を考える連載の中に、阪口の問い掛けを収めた。「私たちが取材しなかったら、高江の人々の声が伝わらない。何もなかったかのようにされてしまう。住民の声をすくい上げるのが仕事なのに、それすらさせない状況って……。この声もまた、消されてしまうのでしょうか」（16年9月8日付）

力ずくの記者排除は「遠い国での出来事とばかり思っていた」と書いたのは北海道新聞の1面コラム（同9月4日付）。新潟日報の社説（同8月27日付）は「許し難い暴挙」と非難し、信濃毎日新聞の社説（同8月23日付）は「批判的な報道を続ける地元紙に対する政府、自民党の敵意」を指摘した。

国際ジャーナリスト組織「国境なき記者団」は「安倍晋三首相が率いる政府は警察のこうした行動を容認し、将来抗議行動を取材するジャーナリストにとって危険な先例を作った」と批判する声明を発表した（同10月22日）。国内でも、日本ジャーナリスト会議（ＪＣＪ）が研究者やジャーナリスト6人による現地調査団を派遣し、県警にも取材したうえで翌17年2月に報告書をまとめた。

県警は記者だとは分からなかったと釈明した。本部長の池田克史は「腕章をしておらず、見分けがつかない状況だったこともあり、抗議参加者との認識で移動させた。記者だと名乗ることもなかった。特定の者を狙い撃ちして行動を制限しているものではなく、取材中の記者と認識したうえで規制することもない」と県議会で答弁した。ほぼ全面的に事実に反する。

池田はさらに「報道各社に、腕章を識別できるよう腕への装着を徹底することを申し入れた」と、記者側の問題にすり替えようとした。県警の施設内ならともかく、公道上で取材する時に腕章をつけるかどうか、どこにつけるかは個人の選択であるはずだ。

私自身はいつも首からひもで下げることにしている。上着を脱着する時につけ替える必要がないし、腕に巻くのは戦中の従軍記者腕章を思わせて抵抗がある。現場で何度も「腕にしてください」と言ってくる警官にはそう説明している。たいていは、ぽかんとされる。確かに、腕にしないと後ろからは見えない。だから排除されかけたとしても仕方がない。問題は、記者だと分かった時に手を離すかどうかにある。

暴走の追認

記者2人が拘束された同じ監禁場所には、座り込みの市民も押し込められていた。先にも書いたように予防拘禁と本質的に同じであり、そのこと自体が人権問題である。沖縄の炎熱の中、機動隊バスの排ガスを浴び続けて気分が悪くなる人もいる。トイレに行くことすら許されない。

この16年8月20日には母親が中に閉じ込められ、外に取り残された8歳くらいの子どもが泣き続けるということまで起きた。間に立つ機動隊員は周りの市民に抗議されても母親を外に出さず、子どもを中に入れず、引き離したままにした。

沖縄の山奥で起きるこういう現実を山奥に封じ込めさせないため、記者は足を運んだ。高江ではこの国のむき出しの権力、本当の姿が表れていた。それを記録し、有権者に判断材料を提供することが、民主主義を機能させるために欠かせない。警察までが中立の立場を放棄した後、第三者は私たち記者しかいなかった。

権力にとっては目障りに違いない。しかし、物理的に何の邪魔立てもしていない記

市民やメディアから顔を隠すためなのか、マスクをする機動隊員は多い。この日この場にいた50人近くは全員がマスクをしていて、異様な雰囲気だった＝2016年11月5日、国頭村安波（あは）

者を拘束し、報道を元から断つというのは常軌を逸している。有権者を羽交い締めにして、目と耳をふさぐようなものだ。

高江の警察は7都府県の混成部隊。沖縄県警のある警官は漏らした。

「誰が誰だか、警官同士でも分からない。どこで何をしているのかも把握できない。後になって、警察が本当にそんなことをしたのか、と驚くことも多い」

現場で責任を持って説明できる者がいないまま、警官個人の裁量が幅をきかせていた。

この日も、「記者を拘束せよ」と命令が下ったわけではないと信じる。現場の暴走だったはずだ。ところが、それを抑えるべき県警本部長が問題なし、としてしまった。

政府も同様に正当化した。記者拘束は「現場の混乱や交通の危険防止のための必要な警備活動」というのだ。国会議員の質問主意書に対するこの答弁は、閣議決定されている。論理的には、全国のどこでも「現場の混乱や交通の危険」さえあれば取材中の記者を拘束できるようになった。

暴走は追認されて、構造化された。

拘束を振り返って、タイムスの知念は「政府は本当に何でもやるんだ、と実感した」と語った。拘束されている間、現場で何が起きたかを読者に伝えられなかったことが悔しかった。「次は見逃さない。萎縮もしない」と誓った。

拘束が批判された後、現場の機動隊員は目に見えて記者の行動の自由に配慮するようになった。新報の阪口は「警察が間違っていたと認めたようなもの。逆に黙っていたら向こうの基準が通っていたはずだ。拘束は今も繰り返されていたのではないか」と話した。

「沖縄ではこの先も絶対、権力とメディアの攻防が生まれる。闘う姿勢を忘れちゃいけない。書き続けなきゃいけない。そのことを身をもって知った」

写真家の問い

警察権力が嵐のように吹き荒れた高江。サラリーマンの新聞記者はそれでもまだ、拘束で済んだ。組織の後ろ盾がないフリーランスは違った。写真家の島崎ろでぃー(43)は逮捕され、21日間拘束された。

東京在住。沖縄の戦争、暮らし、文化を撮りたいと考えていた。腰を据えて向き合おうとしていた時期に勃発した高江の非常事態に、迷わず飛び込んだ。市民側のテントの中で、山城博治らと一緒に沖縄防衛局職員にけがをさせたという公務執行妨害と傷害の容疑をかけられた。現場で撮影していたが、職員には触ってさえいなかった。

ただ、博治たちが先に逮捕されていたから、予感はしていたという。16年11月17日早朝、東京の自宅を出ると私服の警官8人ほどが待ち受けていた。商売道具のカメラ、パソコンを押収され、逮捕された。

取り調べの検事は「あんたなんか最初からジャーナリストと思っていない。完全に活動家じゃないの」と責め立てた。ジャーナリストかどうか、権力が勝手に線を引き、断罪しようとした。ろでぃーは取り合わなかった。

日ごろ、「人がどう思おうが関係ない。どこに向かって、どう立っているかが大事だ」と考えている。尊敬する写真家ユージン・スミスや土門拳の作品から被写体に寄り添うことを学び、実践している。高江でも自らが信じる方法で撮影をしていただけだ。

実は、ろでぃー逮捕の記事は沖縄タイムスではごく小さな扱いで終わっていた。写真家が現場にいることだけで逮捕されたのに、表現の自由の危機に反応できなかった。いわば見殺しにしてしまった。

ずっと気になっていて、東京に出かけた時に会った。ろでぃーは「タイムスの社員と僕とでは、ニュース性は違うかもしれない。でも危機の本質は同じだよね」と言った。

反ナチ運動の指導者で牧師のマルティン・ニーメラーは有名な警句を残している。ナチが共産主義者を襲った時、自分は共産主義者ではないので何もしなかった。社会主義者、学校、新聞、ユダヤ人が次々に標的にされた。そして教会が攻撃された時、初めて立ち上がった。「しかしその時にはすでに手遅れであった」

弾圧は常に周縁から始まる。沖縄でフリーランスが逮捕された。次は沖縄でサラリーマン記者か、本土でフリーランスか。権力の手はゆっくりと、確実に輪の中心に向かっていく。最後には本土のサラリーマン記者にも手をかけるだろう。

ろでぃーにはもう一つ、大事な質問をされた。

「なぜ山の中に入らなかったのか」

市民がヘリパッド建設現場に入り込んで抗議行動を始めた時、私たちサラリーマン記者は同行しなかった。中では大規模な森林伐採があり、無謀な工事があり、機動隊の暴力があった。伝えるべきことはたくさんあったが、基地内には踏み込めなかった。刑事特別法違反で逮捕されるリスクを考えた。

「闘う時だったんじゃないか。今なら闘える。まだポル・ポト政権みたいになってはいない。でも、権力が暴走しようとしているのは明らかだ。せっかくペンとカメラという武器を持っているんだから、ちゃんと使わないと」

ろでぃーにもらった宿題を、今もうまく解けないでいる。

第3章

断絶と罵倒

「土人」発言

いわく、基地負担を減らすため。いわく、地元の要望に応えて。そうした政府による美辞麗句のベールを、警察官の暴言がはぎ取った。なぜ反対の民意を踏みつぶして高江にヘリパッドを建設できるのか。政府の所業の根っこにある沖縄差別が、白日の下にさらされた。

「触るなクソ。触るなコラ。どこつかんどんのじゃこのボケ」

２０１６年10月18日、抗議行動の市民に対し、とても職務中の公務員と思えないような罵倒を尽くした大阪府警機動隊の巡査部長（29）が、最後にこう吐き捨てた。

「土人が」

むき出しの敵意を投げつけられたのは芥川賞作家の目取真《めどるま》俊（56）だった。沖縄の軍事要塞化に強い危機感を持ち、辺野古、高江と抗議の最前線で体を張り続けている。この日は、N1表のフェンス外側から砂利を運ぶダンプに抗議していた。

乱暴な言動が目立つこの巡査部長に正面からビデオカメラを向けると、カメラ目線の暴言が返ってきた。撮られていることを承知の確信犯。巡査部長はこの後、目取真が別の機動隊員たちに押さえ付けられた時、わざわざ近寄ってきて脇腹を殴り、足を3回蹴ったという。

目取真はその日のうちに自身のブログ「海鳴りの島から」でビデオを公開した。私も見て、血が沸騰するのを覚えた。本土と沖縄の断絶が、取り返しがつかない段階まで来たことを表していた。

すでに午後8時すぎ。翌日紙面のメニューは固まっている時間帯だったが、デスクに掛け合ってコラムをねじ込んでもらった。パソコンのキーボードをたたき付けるように書いた原稿に、「歴史に刻まれる暴言」という見出しがついた。

警察官による「土人」発言は歴史的暴言である。警察は発言者を特定、処分し、その結果を発表しなければならない。ビデオがインターネットで公開されている。すぐにできるだろう。

市民らは発言者が大阪府警の機動隊員だとしている。事実なら府警本部長が沖縄に来て、受け入れた沖縄県警本部長と並んで県民に謝罪する必要がある。

逆に警察がきちんと対処しない場合、それはこの暴言を組織として容認することを示す。若い機動隊員を現場に投入する前に、「相手は土人だ。何を言っても、やっても構わない」と指導しているのだろうか。

この暴言が歴史的だと言う時には二つの意味がある。まず琉球処分以来、本土の人間に脈々と受け継がれる沖縄差別が露呈した。

そしてもう一つ、この暴言は歴史の節目として長く記憶に刻まれるだろう。琉球処分時の軍隊、警察とほぼ同じ全国500人の機動隊を投入した事実を象徴するものとして。

ヘリパッドを完成させ、米軍に差し出すことはできるかもしれない。政府は引き換えに、県民の深い絶望に直面するだろう。取り返しはつくのだろうか。

（「沖縄タイムス」2016年10月19日付）

この時点で、警察が暴言をうやむやにするのではないか、と私は恐れていた。市民への暴力、記者拘束など、警官の責任が問われなかった前例は数え切れないほどある。ただ、土人発言の場合はビデオという動かぬ証拠がネットで拡散され、テレビでも全国ニュースになった。

同じ日同じ現場で、大阪府警機動隊の別の巡査長(26)が「黙れコラ、シナ人」と市民を挑発していたことも分かった。やはり目取真が撮影したこの動画もネットで公開され、波紋はさらに広がった。

コラムで要求した大阪府警本部長のお詫び行脚は実現しなかったが、沖縄県警本部長の池田克史は知事の翁長雄志《おながたけし》に呼ばれ、県庁に出向いた。「言語道断。県民の感情を逆なでし、悲しませる」と詰め寄る翁長に対して、「言い訳もできない」と謝罪する異例の場面が報道陣に公開された。警察組織の頂点に立つ警察庁長官の坂口正芳《まさよし》も東京で開いた記者会見で「不適切であり、極めて遺憾だ」と言わざるを得なかった。

2人の機動隊員は大阪に帰され、懲戒処分の中で一番軽い「戒告」を受けた。府警の発表によると、2人は「感情が高ぶり、つい発言してしまった。申し訳ない」「差別的な意味、歴史的な意味を持つ言葉とは知らなかった」と釈明したという。

差別の系譜

「土人」という差別用語は、本土日本人が「格下」とみなした他者に投げつけてきた歴史がある。沖縄もその中に含まれる。

1903年の「人類館事件」が、沖縄では広く知られている。政府主催の第5回内国勧業博覧会の会場外に「学術人類館」を名乗る民間パビリオンがあった。台湾の先住民族やアイヌ民族、朝鮮、ジャワ、そして沖縄の人々を生身で「展示」し、沖縄で猛反発が起きた。宣伝文句は「七種の土人」。この時の会場も、大阪だった。

戦後になっても、土人という言葉に直面した沖縄の人は多い。

保守の仲井真弘多県政で副知事を務めた仲里全輝《ぜんき》（81）にはこんな話を聞かされた。大学進学のため米軍占領下の沖縄から上京した55年のこと。珍しがった同級生たちが、「沖縄にはまだ土人がいるか」と尋ねてきた。

仲里自身は「日本人的」な外見だと判断されたようだったが、腹が立って仕方がない。「土人が見たいか。それなら」と待ち合わせの約束をして、喫茶店で一人待ち受けた。

興味本位の同級生が10人ほど集まり、「どこに土人がいるのか」と不審がる。仲里は「君たちの目の前にいるのが土人だ」と言い放ち、さらに追い打ちをかけた。

「君は青森の出身？　土着の人という意味なら、君は青森の土人だ」「君は愛媛の土人だね」

同級生たちは言葉を失ったという。

下宿屋には「琉球人、朝鮮人お断り」の貼り紙があった時代。仲里自身も不動産屋を通じて申し込み、一度は「外国人は困る」と断られた。そこで仲里はその下宿屋に直接出かけ、素知らぬ顔で借りる話をまとめてから「あなたが断った沖縄の仲里は僕だ」とやった。下宿屋の女性はなおも「日本語が上手ねえ」と驚いていたという。

「世田谷区の鈴木さんというおばさんだった」と笑って振り返る仲里のような武勇伝は、あまり聞かない。多くの人は侮辱を前に立ちすくみ、沈黙を強いられたのではなかったか。胸の中に深く沈殿した体験を語る時の苦しそうな表情に、今でも接することがある。

死語の復権

時を経て、「土人」は差別用語という共通理解が広がった。完全に死語になった、はずだった。高江で直接聞いた目取真さえ、あまりに突拍子もなくて最初は「老人」

に聞こえたという。

発言を機に、沖縄タイムスの若い同僚が機動隊員と同世代の20代県民にインタビューした。「土人って何ですか？　宇宙人？」という答えが返ってきた。

しかし、このかびの生えた言葉が、実はインターネット上では沖縄や福島への差別用語として静かに「復権」していた。基地や原発被害の補償をもらって生きる「沖縄土人」「福島土人」という侮辱が流布していたのだという。

「シナ人」の方は、元都知事の石原慎太郎らが使ってさらに広く拡散していた。中国を蔑視し、政権の意向に反する思想や行動を「反日」「中国の回し者」と断じるために使われている。

2人の若い機動隊員はネットで「土人」「シナ人」という言葉に触れたのか。あるいは警察内部で年長者から教えられたのか。大阪府警は明らかにしなかった。どちらにしても、それが高江の現場で口をついて出たことに、組織教育の影を疑わずにはいられない。

本土から送り込まれた機動隊員が高江で対峙するのは、自分の親や祖父母世代の「普通」の人である。立ち向かわせるために、警察組織として相手をさげすむことを教える必要があったのではないか。ちょうど戦時下の国家が、兵士に敵は人間ではないと教え、殺人のハードルを下げるのと同じように。「土人」「シナ人」はそんな組織内の空気から生まれた言葉のように思える。

侮辱は沖縄県警にも向けられていた。沖縄の人が「土人」なら県警は「土人の警察」だ。それなのに、県警は本土の警察と一緒に市民を敵視し、抗議を封殺する側に回った。

「あんた活動家か?」「抗議に来る人は善良な市民ではない」「触らんで、気持ち悪いから」

いずれも、県警の警官が市民に言った。差別されながら、さらに弱い者を差別する悲しさを思う。

驚きがない驚き

抗議行動の市民の側は、発言自体に全く驚いていなかった。高江の現場でなるべく多くの人に意見を聞いたが、「ずっと差別されてきた」「いまさら」という反応がほとんどだった。驚いていないことが私には驚きであり、本土と沖縄の断絶の深さを示してもいた。

當山全伸（67）は「やっと本音を言ってくれた。本土では負担軽減という、うそばかり広がっている。本質が伝わって、かえって良かったんじゃないか」と言った。2015年の東村長選でヘリパッド反対を訴えて敗れはしたものの、現職伊集盛久の742票に対し609票を獲得した。歴代ずっと保守村政が続く村でこれだけの票を集めた當山の、皮肉な見方である（その後19年の村長選で初当選）。

「ウチナーンチュは叩かれ慣れてしまったんじゃないか。ちゃんと抗議しないといけない」と話したのは仲宗根《なかそね》須磨子（61）。辺野古や高江の抗議行動に通い続けるうちに、同じ北部にある地元本部町《もとぶちょう》で基地問題への関心が広がらないことに疑問を持ち、その後町議に当選した。発言に驚けないのは同じだった。「慣れるって恐ろしい」とつぶやいた。

本村紀夫（68）は、早くから日本との決別を訴えていた人物である。1971年10月、沖縄返還協定を審議した「沖縄国会」。首相佐藤栄作の所信表明演説中、傍聴席に入った仲間3人で爆竹を鳴らし、ビラをまいた。「日本が沖縄の運命を決定できるのか」

「全ての沖縄人は団結して決起せよ」

建造物侵入と威力業務妨害の罪で起訴された法廷で、３人は「奪われた言葉」しまくとぅばを使い、退廷させられた。近年、沖縄ではアイデンティティーの核として復興運動が盛んである。それを40年以上も前に先取りしていた。

本村が大学進学のため上京したのは68年。沖縄を米軍占領下に差し出しておいて、経済成長を謳歌《おうか》する日本人の姿を目の当たりにした。誰も沖縄の場所をまともに知らなかった。

一方、沖縄から来た同世代は差別に苦しみ、出身地を口にする人は少なかった。当時、差別に憤慨して元勤務先の社長宅に放火し、拘置所で自殺した少年の事件があり、みなが胸を痛めた。本村は路線対立に明け暮れる学生運動には一度も参加しなかったが、沖縄出身の若者でつくる沖縄青年同盟に加わった。爆竹は、日本の中枢で爆発させた沖縄の怒りだった。

高江で会った本村は、「土人」発言について聞くと「土人で何が悪い」と答え、１９０３年の人類館事件に触れた。当時、沖縄の新聞は「我を生蕃《せいばん》（台湾の少数民族）アイヌ視したるものなり我に対するの侮辱豈《あに》これより大なるものあらんや」と書いた。

われわれは真の日本人だ、他民族と一緒にするな、という主張。日本政府による同化政策が、自分は差別する側に立ちたいという層を沖縄の中につくり出していた。本村は言った。

「今は違う。自分は沖縄人、琉球人だと堂々と言える」

「安倍政権がこれだけやりたい放題やっても、圧倒的多数の日本人は無関心のまま。日本からの独立も辞さず、という気持ちがないと太刀打ちできない」

独立する、しないは沖縄の人自身が決めることだ。自らの都合で沖縄を組み入れたり切り捨てたりしてきた本土出身の私には論じる資格がないと思っている。

事実だけを述べると、沖縄差別がはっきり目に見えるようになるにつれ、独立を語る人は着実に増えている。普天間飛行場の県外移設を模索した鳩山政権時代、本土のどの自治体も聞く耳を持たなかった経験が、特に大きなきっかけになった。

「土人」発言の後、息子を保育園に迎えに行った時のこと。久しぶりに会った男性の保育士は開口一番、「もう独立するしかないんじゃない？」と言った。まだ30代。若い世代にも本土に対する諦めがある。あの乾いた口調が忘れられない。

2017年4月、復帰45周年を前に沖縄タイムス社、朝日新聞社、琉球朝日放送が実施した県民意識調査がある。沖縄の今後について聞くと「いまの沖縄県のままでよい」が35％、「より強い権限を持つ自治体になる」が51％、「日本から独立する」が4％だった。

「より強い権限」を求める人が最多だったことに、政府に対する不満が表れている。今後も沖縄の声に耳を傾けない政治が続けば、この層が今はまだ4％にすぎない独立派に流入していくかもしれない。

政治家の参戦

「土人」発言が出た後、警察組織はすぐに撤回、火消しに走った。そのそばから政治家たちが発言を擁護し、事態は鎮火するどころか延焼を続けた。

派遣元の大阪府警を所轄する立場の府知事松井一郎は、発言が問題化したその日に自身のツイッターに投稿した。

「ネットでの映像を見ましたが、表現が不適切だとしても、大阪府警の警官が一生懸命命令に従い職務を遂行していたのがわかりました。出張ご苦労様」

翌日は記者会見で真意を聞かれ、直接説明する機会があった。そこでも、「売り言葉に買い言葉で言ってしまうんでしょう。相手（抗議の市民）もむちゃくちゃ言っている。相手は全て許されるのか」と主張した。典型的な「どっちもどっち」論だった。

警察と市民、本土と沖縄では圧倒的な力の差がある。それを背景に、沖縄の人間であるという変えようのない属性を攻撃したから、「土人」は単なる暴言ではなく、ヘイトスピーチに位置付けられた。言葉だけの問題ではない。差別と憎悪を内心に抱えた機動隊員が、座り込みを強制排除するなど権力を行使しているのは恐ろしいことだ。

確かに、市民の中には機動隊員に面と向かって「権力の犬」などと言う人がいた。聞くとやはり嫌な気分になるし、汚い言葉は誰であっても使わないでほしい。ただ、力関係を無視して市民と機動隊員を同列に扱う松井の議論はフェアではない。

松井は会見で、「無用な衝突を避けるために警察官が全国から動員されている。じゃあ、混乱を引き起こしているのはどちらなんですか」とも言った。問いに答えるなら、「混乱を引き起こしたのは政府」である。高江の集落を取り囲むようにヘリパッド建設を計画したのが最初で、それに対して住民の抵抗が始まった。議論を攪乱《かくらん》するために、わざと虚偽を混ぜ込んだのではないか。

沖縄担当相の鶴保庸介も続いて「参戦」した。「土人」発言について「差別であると断じることは到底できない」と国会で言い張った。「人権問題の一番のポイントは被害者の感情に寄り添うこと」などと言いつつ、その被害者である目取真や沖縄県民が指摘する差別の存在を、かたくなに否認した。高まる批判を混ぜっ返すことだけが目的だったのだろう。発言のビデオを見たかと尋ねられ、「つぶさには見ていない」と答えた。

鶴保は「言論の自由はどなたにもある」とも主張し、発言を擁護する構えまで見せた。少数派を傷付け、圧殺するのは言論の自由ではない。繰り返し確認する必要がある。ヘイトスピーチは単なる暴力だ。

政府はしかし、鶴保の発言に問題はないとする答弁書を閣議決定した。政府の公式見解として、「土人」が差別発言なのかどうかはうやむやになってしまった。

デマ拡散

東京MXテレビが2017年の正月2日に放送した番組「ニュース女子」は「マス

コミが報道しない真実」という触れ込みだった。

高江の抗議行動を批判する内容はインターネット上で拡散されてきたデマそのもので、目新しさはない。ただ、そのデマが何の検証もなく地上波の電波に乗ったことは、危機が新段階に達したことを告げていた。

手法はネット上の自称「愛国者」（ネット右翼、ネトウヨ）に比べて洗練されている。無関係の「過激映像」や、うそだらけの刺激的なテロップを多用して印象を操作していく。至る所に疑問符をつけ、「だから断定はしていませんよ」という言い訳がセットだ。

「過激派が救急車も止めた？」。地元消防に聞けばすぐに分かるデマ。「反対派は日当をもらっている？」。ここでは「光広」「2万」と書かれた出所不明の茶封筒が示される。これが反対運動の光広さんが日当として2万円をもらった証拠だとされた。

「日当神話」はニュース女子の放送前からかなり浸透している。実際に辺野古新基地建設反対の運動にも、若者3人が日当めあてに来たことがあった。様子がおかしいと気付いた女性が「みんなボランティアだよ」と伝えると、ばつが悪そうに帰っていったという。少し横道にそれてしまうが、ここで日当について考えてみたい。

まずは掛け算から。日当はいろんな説があるが仮にニュース女子が言う通り2万円だとして、辺野古に1日100人が来ると200万円。政府が工事に着手した14年7月以降に限っても千日を超えているから、総額20億円の資金が必要になる。どこの秘密組織がそんな巨額を現場の運動につぎ込むのか。「日当が本当なら今ごろ僕たちは大金持ち」と、現場の市民は笑う。

タイムスの同僚たちが、デマに正面から反論する連載「誤解だらけの沖縄基地」を企画した。私も連載の一環で日当デマを一から取材してみた。日当どころか、参加者がどれだけ自分のお金と時間を削っているかをあらためて知った。

那覇市の県庁前から辺野古行きのチャーターバスに乗る人は往復千円を負担する。私が話を聞いた年金生活の女性（75）は2日に1度乗っていた。月にすると15日、計1万5千円。それを出すために自宅のガスを止めた。夏は水のシャワーで済むが、冬は沖縄でも寒い。電気ポットで少しのお湯を沸かし、体をふく。食事は炊飯器や電子レンジで工夫している。

そこまでしてなぜ、と聞いた。「両親は戦争で犬死にさせられた。戦後は親戚に預けられ、汚い言葉でののしられて苦労した。新しい基地ができて、新しく苦労する人が出るのは嫌だから」というのが答えだった。

辺野古の運動を20年以上、中心になって担ってきた市民団体「ヘリ基地反対協」の共同代表、安《あ》次《し》富《とみ》浩（69）にも聞いた。ほぼ毎日、現場に足を運んでいる。それでも、カンパの中から「行動費」と呼ぶ手当を月に1万円と、ガソリンの現物支給を受けるだけだ。1万円は連絡の携帯電話代に消えてしまう。行動費はほかに中心メンバー数人に出ているが、安次富は「実費の穴埋めも一部しかできていない」と心苦しそうに語る。会計を担当する篠原孝子（52）は一言、「事実じゃないことを言われても、言い返しようがない」。デマはそういう隙間を狙って生産、拡散されていく。

狙い撃ち

ニュース女子に話を戻す。番組は沖縄ロケをしていた。高江がテーマなのに高江に行かず、抗議行動の参加者1人にすら話を聞かない。自称ジャーナリストが「反対派の暴力行為により近寄れない」「足止めを食っている」とリポートして、ロケは打ち切られた。

「トンネルの先が高江へリパッド建設現場」だと紹介されたそのトンネルは、高江の現場から車で約1時間離れた地点にあった。間には10以上の集落、小中学校4校、それにリゾートホテルがある。噴飯ものの演出。しかし、笑ってはいられなかった。

番組は在日コリアン3世の辛淑玉《シンスゴ》（57）を個人攻撃の標的にした。辛が共同代表を務める市民団体「のりこえねっと」のチラシを紹介。高江への「市民特派員」に本土からの交通費5万円を支給するという記述を問題視した。

原資はカンパだとネット上にも明記されているのに、出演者が「財源は？」「本当に分からないんですよ」と誘導していく。「反対運動を扇動する黒幕の正体は？」というテロップ、「韓国人はいるわ中国人はいるわ」「親北派ですから」などというコメントも交え、反対運動が辛を通じて外国に支配されているかのように描いた。

辛は在日差別に正面から立ち向かってきた。コリアンが就職、結婚、引っ越し、と人生のあらゆる場面で傷付き、沈黙を強いられるのを嫌というほど見てきた。差別の痛みを知るからこそ、同様に差別されている沖縄とつながっていくのは必然だった。

高江の状況は本土であまりにも知られていない。その情報格差を少しでも埋めようと特派員募集を企画した。ニュース女子からは取材申し込みも受けておらず、そのことを説明する機会は一切なかった。放送倫理・番組向上機構（ＢＰＯ）に人権侵害を訴えた。

私が取材をお願いし、番組の問題点を聞くと、いつも通りのスパッとした口調で答えてくれた。

「在日に対する差別を利用し、沖縄とセットでたたこうとする悪質なヘイトスピーチだ」

義理人情に厚い辛は、沖縄からの依頼があれば自分の事情を棚に上げて応じてしまう。実はこの時、精神的にかなり追い込まれていたことを、後日発表されたコメントで知った。

「こみ上げる怒りを抑えるのがこれほど難しかった経験はかつてなかった。胃液があがってきて、何度も吐いた。その後も、何気ない会話の中で突然涙が出てきたり、幾日も眠れぬ夜を過ごし、やっと眠れたと思えば悪夢にうなされた」

番組は沖縄全体をばかにしていたが、個人攻撃を受けたのは辛だけだった。ネットではある程度慣らされていても、地上波は広がり方が全く違う。見ようとしない人の目に映り、聞こうとしない人の耳に入る。罵詈《ばり》雑言の拡散が、いかに一人の人間にダメージを与えるか。私の想像力は全く足りていなかった。

嘲笑の暴力

辛はコメントの中で、こうも言った。

「『生意気な非国民ども』に対しては、ただ潰すだけでは飽き足らず、嘲笑して力の差を見せつけた上で、屈辱感を味わわせようとする」

東京のMXテレビ本社前では抗議行動が定例化し、「人間の尊厳をかけた闘いを笑うな」というプラカードが掲げられた。だが、放送した側はあざ笑うことをやめようとしなかった。

番組を制作したのは化粧品会社DHCの子会社、DHCシアター（現DHCテレビジョン）。ニュース女子その他の番組をMXテレビなどの地上波ローカル局に持ち込むほか、CSの自社チャンネルやインターネットの動画サイトでも放映している。当時の社長は国政選挙に出たこともある濱田麻記子。

ニュース女子が批判されると、濱田らは連名で見解を出した。抗議の市民を取材し

東京MXテレビ本社前で「ニュース女子」放送に抗議する市民＝2017年1月26日、東京・麴町

なかったことについては「暴力行為や器物破損、不法侵入、不法占拠、警察官の顔写真を晒《さら》しての恫喝《どうかつ》など数々の犯罪や不法行為を行っている集団を内包し、容認している基地反対派の言い分を聞く必要はないと考えます」と居直った。そのうえで、「誹《ひ》謗《ぼう》中傷に屈すること無く、日本の自由な言論空間を守るため、良質な番組を製作して参ります」と宣言した。

その宣言通り、17年3月にはネット限定で続編を放送。正月の放送を「検証」する形を取りながら、批判の論点をずらして正当化する内容に終始した。高齢の抗議行動参加者を「過激派デモの武闘派集団シルバー部隊」と表現したことについては、タイムスの記事を根拠に持ち出した。

「逮捕されても生活に影響がない65歳から75歳」を募る動きを報じた記事だが、掲載は4年以上前の2012年。普天間飛行場のオスプレイ配備に対してやむにやまれぬ抗議行動を計画していた時の話で、高江とは時期も場所も違う。「過激派」「武闘派」「シルバー部隊」という言葉はどこにも出てこない。

市民に日当が支払われていると主張し、証拠として「光広」「2万」と書いた謎の茶封筒を示したことは、さすがに「取材の詰めが甘かった」と認めた。それでも、コメンテーターが「お金が動いているのがバレるのが気にいらないわけでしょ」と、また鼻で笑うのだった。

特大スポンサー

ニュース女子は日本テレビ系のミヤギテレビやTBS系の山陽放送、フジテレビ系のサガテレビでも放送されているが、問題になった回は考査で「バランスを欠いている」などとはじかれ、放送されなかった。

放送してしまったMXテレビはどう出るのか。「報道局」を持つ報道機関でもある。

軌道修正するのかと思っていたら、違った。17年2月に出した見解は正月の放送内容に虚偽はなかった、と正当化するものだった。

MXにとって、DHCは特大のスポンサーである。有価証券報告書によると、14年度は全売り上げ157億円のうち33億円がDHC関係。実に21%を占めた。テレビ関係者の誰に聞いても、異常な依存度だと口をそろえる。DHCの意向には一切逆らえない構造ができているようだ。

MXの見解は、「この間、一部報道機関において、本番組が捏造《ねつぞう》・虚偽である、沖縄ヘイトである、人権侵害であるなど、本番組の内容や事実、当社が本番組を放送した意図と大きくかけ離れた報道等がなされている」と不満をあらわにした。私も紙面でニュース女子の放送内容を「沖縄ヘイト」と書いた。「一部報道機関」にはタイムスも入るのだろう。

私は記事を書く前に、MXテレビにもDHCシアターにも疑問点を示し、見解を尋ねている。批判するなら相手の言い分も聞くのが報道の基本動作だから。しかし、両社は各メディアの取材に答えないまま、都合のいいタイミングになってから都合のいい内容の「見解」をウェブサイトに貼り付けただけだった。

その両社が地上波とネットで流した番組は批判する相手、抗議行動の市民の言い分を一切聞こうとしない。事実を意図的に粉飾し、印象操作で虚偽を刷り込む。番組名に「ニュース」とあり、番組内ではコメンテーターがジャーナリズムを語るが、その資格はないと思う。

「報道しない自由」

ニュース女子は番組の中で「報道しない自由」という言葉を使って既存メディアを批判した。「都合が悪いことは黙殺するわがままな人たち」というニュアンスを伝えたいのだと思うが、「報道の自由」を全く理解していないことがうかがえる。

何を報じるかと同じくらい、何を報じないかを選ぶ作業は大切だ。その判断は権力から独立していなければならない。「報道しない自由」がなければ、報道機関ではなく政府発表をただ垂れ流す広報機関になってしまう。

ジャーナリストに資格試験はない。名乗ることは誰でもできる。「報道」と書かれた腕章はアマゾンでも買える。「現場の真実はメディアでは分からない。ネット動画で見た」という主張がまかり通る時代でもある（ネットもメディアであり、動画は

「ありのまま」ではない。テレビと同じように編集されている）。

報道に問われるのは眼力である。現場で空気を感じ、人の話を聞いて、問題の本質を見抜けるかどうかだ。

高江では当初、ヘリパッド建設資材を運ぶダンプを止めるため、市民が県道上に車を並べたり、座り込んだりしていた。ダンプだけでなく一般の車も巻き込まれ、足止めされていた。

ヘリパッドとは別の工事現場に向かう途中の作業員が車を降りて、座り込みの様子を眺めていたことがあった。さぞ怒っていると思いきや、「これだけアメリカになめられている。もっとやるべきだ」と言ったのには驚いた。

ただ、地元農家から苦情が出ていたのは事実だった。ニュース女子の「報道しない自由」批判と同じように、「なぜ報じないのか」という批判がタイムスに来た。紙面を読まずに苦情を言う「自称読者」がかなりいる。実際は、困っている農家の声を同僚が記事にしていた。

警察による道路封鎖の方が大規模で長期にわたった。だから、それを批判する記事の方が多かったのは事実である。市民側は地元への迷惑を考えて2カ月後の9月には道路封鎖をやめ、基地内の工事現場に入って抗議するようになった。一方、警察による封鎖は12月までの半年間、県道70号のあちこちで続いた。

何を報じるかを判断するにはもう一つ、影響力の違いも考えなければならない。権力はもともと大きな声を持つ。誰の助けがなくても自らの主張を遠くまで届かせることができる。力も大きく、間違えた時の被害は大きくなる。反対に、市民は声も力も小さい。その拡声器になるのがメディアの役割だ。そうして初めて、力に差がある両者が対等に主張を戦わせることができる。

中立という呪縛

今、形式的な両論併記の要求が強まり、メディアも萎縮しているように見える。14年の総選挙前の11月18日、TBSの「NEWS23」に出演した首相安倍晋三がアベノミクス批判が多い街の声の映像を見て逆上したのは記憶に新しい。

「これ全然、声、反映されていませんが。これおかしいじゃないですか」

その直後、自民党は在京テレビ各局に「出演者の発言回数及び時間等」「ゲスト出演者等の選定」「テーマ」「街角インタビュー、資料映像」をこと細かに挙げて、「公平中立」を求めた。「特段のご配慮を」と要請の形を取りつつ、実態は露骨な圧力だった。

「NEWS23」のアンカーを降板した後、岸井成格《しげただ》が沖縄のシンポジウムで明かしたことがある。

「選挙で街の声を取らなくなった。5人が反対なら、賛成の声も5人取らなければいけないから。萎縮は最初『面倒くさい』というところから始まる。政治は面倒くさい。もっと言えば沖縄は一番面倒くさい、ということになってしまう」

形式的な「中立」という鎖を断ち切る時だ、と思う。全員が納得する中立など幻想にすぎない。どこが真ん中なのかは、立ち位置と視野の広さによって変わっていく。政権の言いなりに選挙の争点を「アベノミクスの是非」としてはいけない。「共謀罪」を「テロ等準備罪」と言い換えられたままにしてもいけない。問題提起、テーマ設定がメディアの存在意義だ。

沖縄タイムスは辺野古新基地建設にも、高江へリパッド建設にも明確に反対している。軍事的に必要ない、自然を破壊する、など理由はいろいろあるが、核になっているのはそれが差別だからだ。

もともと山梨県や岐阜県にいた海兵隊は1950年代、反対運動に追い出されるように沖縄にやってきた。本土では基地縮小が進み、米軍占領下に置かれ声が上げられない沖縄にしわ寄せがきた。その帰結として今、日本にある米軍専用施設の70％が国土面積0・6％、人口1％の沖縄に集中している。

本土の人々と同じように、沖縄の人々も基地に命と尊厳を脅かされるのは嫌だと言っている。本土の声は政府に届く。沖縄の声は届かない。

沖縄のメディアとして、沖縄の人々と、差別している政権の言い分との中間を取って立場を決めるようなことはできない。軸足は常に沖縄にある。沖縄戦の悲劇、米軍占領下の不条理に苦しんだ人々の体験が背骨となっている。だから、あくまで人権と自由を追求する。「国益」を理由とした制約は疑ってかかる。それを中立でないと言うなら、進んで受け入れる。

一方で、「公平」であることは心掛けている。批判する相手には反論の機会を用意するし、多様な意見を紹介することの価値も信じている。だからタイムスの報道を批判する人には取材をお願いする。オピニオン面への投書を勧めることもある。実名が書いてあってデマやヘイトスピーチでなければ、主張によって選別されることはない。

嫌われる名誉

「沖縄の二つの新聞はつぶさなあかん」

2015年、首相安倍晋三に近い作家、百田《ひゃくた》尚樹が自民党本部で行われた勉強会でこう発言したことが全国ニュースになった。

タイムスも1面トップで発言を報じたが、ポイントは少し違った。「普天間飛行場は田んぼの中にあった。基地の周りに行けば商売になるということで（人が）住みだした」というデマ、県民への侮辱を流布したことを問題視していた。

私自身、2紙への中傷はあまり気にとめていなかった。長年、権力の目の敵《かたき》にされてきたから、慣れている。

2000年、当時自民党幹事長だった森喜朗は講演で、「沖縄県の教職員組合は共産党が支配していて何でも政府に反対、何でも国に反対する。沖縄の二つの新聞もそうだ」と言った。現東京都知事の小池百合子も、2紙を敵視する姿勢は同じだ。沖縄担当相だった06年、やはり講演で「沖縄のマスコミとアラブのマスコミは似ている。沖縄反米、反イスラエルでそれ以外は出てこない」と批判した。

首相の安倍も14年末、「沖縄の新聞を何とかしないとね」「政府の正しい見解を伝えてくれない」と周辺に語っている。

メディアは「番犬」として、権力を監視することが求められる。権力者に煙たがられるのはむしろ自然であり、名誉なことでもある。逆に、権力者に嫌がられないメディアは、役割を果たしていると言えるだろうか。

メディアの姿勢というのは右とか左とかではなく、権力との距離や覚悟という尺度で問われるものだと思っている。

勝ち取った言論

沖縄メディアには、表現の自由を闘い取ってきた歴史がある。沖縄は戦後、本土から切り離され、米国の軍事占領下に置かれた。日本国憲法の保護はなく、表現の自由など幻想にすぎなかった。

敗戦の1945年にいち早く出発した琉球新報は、米軍の機関紙。沖縄タイムスは48年の創刊から民間の新聞だったが、やはり紙やインクの供給を米軍に握られ、検閲を受けていた。絶対権力者に従うほかなかった。

象徴的な報道がある。59年、米軍機が石川市（現うるま市）の住宅地に突っ込み、児童と市民17人、後に後遺症で1人が死亡する宮森小ジェット機墜落事故が起きた。戦後最悪の米軍機事故。パイロットは途中で操縦を放棄し、パラシュートで脱出していた。

この時、タイムスの社説は「不可抗力なできごととはいえ（略）残念なことといわなければなるまい」「ムリな注文と考えずにこの点（民間地上空の訓練中止）を配慮してもらえば」と完全に腰が引けていた。戦後14年たってなお、ここまでしか書けなかった。

新聞の論調が米軍に対して厳しくなるのは、続発する事件や事故に住民が怒り、背中を押されたからだった。60年代に入ると復帰運動が高まり、本土への自由渡航や行政主席の公選、最終的には復帰を勝ち取った。その流れに乗って、住民とともに少しずつ表現の幅を広げてきた。

沖縄本島だけでも戦後、10以上の新聞が創刊された。中には米軍の側に立とうとする新聞もあったが、住民には支持されなかった。残ったのが今の2紙だ。日本国憲法の施行とともに表現の自由が空から降ってきた本土とは、成り立ちが違う。だから、勝ち取ってきた権利を脅かす動きには敏感でありたい。

沖縄シフト

アクリルパネル越しに、添田充啓《あつひろ》（44）は穏やかな表情を浮かべていた。那覇拘置支所の面会室。高江の抗議行動に絡んで２０１６年10月４日に逮捕され、17年４月21日に保釈されるまで、身体拘束は６カ月半に及んだ。山城博治の５カ月を超え、高江・辺野古の逮捕者で最も長くなった。

私が会ったのは17年３月、いつ保釈されるのか先が見えないさなか。「こうやって人と会っている時はいつもの自分でいられるけど、独居房に戻ると嫌な方にばかり考えてしまう。少し参っています」と率直に語った。

添田は少年時代を、義父に暴力を振るわれながら過ごした。その経験から、「弱い者いじめ」を憎むようになった。在日コリアンへのヘイトスピーチが激化すると、街頭で直接対峙する行動、カウンターに身を投じた。義父の姓を嫌い、「高橋直輝」と自ら名乗り直した。13年のことだ。

オスプレイ反対を訴える市町村長らのパレードに、日の丸などを掲げた集団が罵声を浴びせた＝2013年1月27日、東京・銀座

最前線で活動するなかで、最近、肌で感じる変化があったという。

「ヘイトスピーチ対策法や自治体の条例ができて、ネトウヨにとって在日が攻撃しにくくなってきた。標的が沖縄にシフトしている」

ヘリパッド工事再開のニュースを見て、直感的に高江に向かった。

確かに「沖縄シフト」「沖縄ヘイト」は目に見えて始まっていた。転換点に、私も居合わせた。

13年1月の東京。前年、米軍の新型輸送機オスプレイが島ぐるみの反対を押し切って普天間飛行場に配備され、沖縄の怒りは沸騰していた。配備撤回を求め、全市町村長、全議会議長がそろって東京に乗り込むという沖縄の政治史上例のない行動に出た。

だが、銀座をパレードした市町村長たちは、目と耳を疑う光景に出くわす。日の丸、旭日旗、そしてなぜだか星条旗を掲げた一群が罵声を浴びせてきた。

「売国奴」「どぶねずみ」「おまえら琉球人は中国の血が入った非国民だ」

プラカードには「国益の足を引っ張る反日死ね!!」と手書きされていた。

パレードしていたのは保守から革新まで、文字通りの沖縄代表である。罵声の主がオスプレイや米軍の存在が本当に「国益」だと信じているとする。それなら、まずは70年間にわたって受け入れてきた沖縄に感謝を伝えるのが礼儀というものではないか。

道理のない倒錯した言い掛かり、むき出しの敵意。保守系の市町村長たちも「なぜウチナーンチュがこんなことを言われなくてはならないのか」と怒りに震えていた。

茶番の配信

自称「愛国者」たちはその後、沖縄「遠征」を繰り返すようになった。

17年1月にはヘイトスピーチを世に広めた「在日特権を許さない市民の会（在特

キャンプ・シュワブゲート前のテント村に乗り込み、ネット中継のためビデオカメラを向けてくる桜井誠の同行者＝2017年1月16日、名護市辺野古

会）」の元会長、桜井誠が辺野古のテント村を訪れた。取材に行くと、「取材の許可は取ったのか」と執拗に聞いてくる。それでは、と取材交渉を始めると、自分たちは私の許可を得ずに複数のビデオカメラを向けた。

目的はただ一つ、「パヨク（左翼）撃退」のなるべく派手な衝突場面をつくり出し、動画中継することだ。それをネットで見て喜ぶ人間が、彼らの資金源、エネルギー源になる。沖縄タイムスの腕章をつけた記者はちょうどいい標的だ。からむ理由は何でもいい。

彼らがこの時に撮った動画が、「桜井誠氏vs沖縄タイムス」というタイトルでネット上に残っている。20万回近く再生されているから、人気動画と言えるのだろう。脚立に乗って撮影する同僚のカメラマンに向かって、桜井が連呼する。「歩道に脚立を置いて立つのは不法占拠だ。降りろ、降りろ。はい降りましたー。ざまぁみろー」

動画を見ると、私は失笑してしまっている。「ずいぶん小さな話になってきましたね」。それでも桜井は「沖縄では多くの人たちがこういう不気味な人間に恐れおののいている。しかし、われわれは恐れない。堂々と抗議するんです」と勝ち誇り、支離滅裂な主張を繰り返すのだった。

座り込みの市民には、「君たちは本土からやってきた本土人、土人だろう」「土人は本土に帰れ」。「土人」という言葉をよく分からないオブラートにくるんで投げかけた。

その点、同行の者たちは露骨だった。

「土人には日本語が分からない」

「辺野古に来たら臭いよ。風呂に入れるのを教えたのは日本人だろ」

ウチナーンチュである同僚のカメラマンは怒りと屈辱に震えていた。後に、「人生であれだけむき出しの差別を浴びせられることはなかった」と語った。

私も、悪辣《あくらつ》な言葉を弄《ろう》し、ネット向けの茶番を演じる者たちを心から軽蔑した。自らの言葉を信じ、責任を取る覚悟が一切感じられない。

ただ、本土出身者という多数派の一員である私は、どこまで行っても被害の当事者ではなかった。だからこそ果たすべき役割がある、と振り返って思う。同じ多数派、いわば「身内」である差別者たちに立ちはだかり、暴力を制止すること。差別を告発し、根絶すべきメディアの中でも、多数派に属する私のような者の責任はとりわけ重いと考えるようになった。

ネトウヨ化する権力

「ネトウヨの沖縄シフト」のほかにもう一つ、添田が拘置所から告発したことがある。

「権力そのものがネトウヨ化している」

添田はヘリパッド建設現場がある米軍北部訓練場に侵入した刑事特別法違反、沖縄防衛局職員に対する公務執行妨害、傷害の罪に問われた。

取り調べの検事は「反対派の中にはテロリストがいる」と言ったという。「笑っちゃうくらい、思考回路がネトウヨそっくり。これでまともな判断はできない」。ネトウヨから特に目の敵にされる添田は、権力からも狙い撃ちにされた。

「権力のネトウヨ化」を象徴するできごとがあった。公安調査庁が報告書「内外情勢の回顧と展望」の17年版に、こう書いた。

「中国国内では、『琉球帰属未定論』に関心を持つ大学やシンクタンクが中心となって、『琉球独立』を標ぼうする我が国の団体関係者などとの学術交流を進め、関係を深めている。こうした交流の背後には、沖縄で、中国に有利な世論を形成し、日本国内の分断を図る戦略的な狙いが潜んでいるものとみられ、今後の沖縄に対する中国の動向には注意を要する」

中国が琉球独立勢力を使って日本を分断しようとしている。沖縄に中国の回し者がいる——。政府機関が正式にそう発表したのである。

公安調査庁が目を付けたのは、16年に北京で開かれた沖縄に関する学術会議だった。テーマは近現代史から文学、伝統祭祀《さいし》まで。沖縄独立論者もいたが、そうでない研究者も出席していた。中国と政治的に対立する台湾の研究者までいた。

特別な「調査」をしなくても、沖縄の新聞さえ読めば琉球独立の秘密会議などではないことが一目瞭然《りょうぜん》である。

公安調査庁は１９９７年、オウム真理教に破防法を適用し解散させようとした。しかし、公安審査委員会に提出したのは伝聞情報、匿名の調書などお粗末な証拠ばかり。委員の全員一致で棄却され、その後は組織の存在意義が問われて何度もリストラ対象になった。組織存続のため「敵」を必死に探し、沖縄を見つけたのかもしれない。報告書の記述にならえば、「今後の沖縄に対する公安調査庁の動向には注意を要する」。

前知事の仲井真弘多が、辺野古新基地建設を容認するまで「中国のスパイ」と罵倒されていたことを思い出す(容認すると、手のひらを返したように礼賛された)。仲井真の祖先は中国から渡来している。それがネトウヨの攻撃材料になった。添田が言うように、公安調査庁の陰謀論とネトウヨはそっくりだ。案の定、報告書は「沖縄は中国の回し者」というヘイトスピーチを裏付ける公的資料としてネット上で活用されていった。

「土人」発言に対する大阪府知事松井一郎、沖縄担当相鶴保庸介、そして政府の答弁書も、ネトウヨの文法をなぞっているように見えた。「どっちもどっち論」、意図的な虚偽の混ぜ込み、根拠のない否認。

ネトウヨが政治に進出したのか、政治家がネトウヨ化したのか。どちらにしても、両者の境界線は限りなく薄くなっている。互いに共鳴し合い、差別を増幅していく。

闇は底なしの様相を呈《てい》している。

そこには沖縄、在日コリアンなど、マイノリティーは差別を甘んじて受けるものだという前提がある。抗議の声を上げようものなら、よってたかって罵詈雑言やデマを浴びせて叩きつぶす。安倍政権から地上波テレビ、ネット上の言論まで。「土人」発言は、日本社会全体の病理を浮き彫りにした。

高江の現場で「安倍政権を倒す」という言葉を聞くたびに、ひっかかったのはこのためだ。安倍政権の所業は確かに目に余るが、問題は政権だけではない。本土の多数が、選挙や世論調査で繰り返し政権にお墨付きを与えている。

たとえ何かの拍子に安倍政権が「打倒」されても、次の政権がまた同じようなことを始めるだろう。本土が一歩でも半歩でも変わらない限り。

無関心の土壌

デマは、需要があるから流通する。沖縄に70％の基地が集中していること自体は、誰が見ても不公平と言わざるを得ない。本土の人々がそのことに良心の痛みを覚えなくてすむよう、免罪符として多彩なデマが用意されている。

「沖縄は地政学的に有利な位置にあるから（台湾には近いが、朝鮮半島からは遠い）」「基地で経済的に潤っているから（基地返還後の再開発で経済効果が108倍に達した地域もある）」「反対運動は日当をもらえるからやっているだけ（自らの時間と金を使って参加している）」

デマは沖縄の異議申し立てを「自分たちの利益のためにやっているんだ」「かわいそうだが仕方のないことなんだ」と心の中で相殺し、無関心でいられる土壌を育てる。デマを広める者は一部しかいなくても、効果は幅広い層に出る。その狙いはかなり成功していると言わざるを得ない。

「あなたたちの運動に賛成も反対もしないよ。ただ通してほしいだけ！」

16年9月、N1表から北に行った県道70号に、本土のアクセントがある男性の声が響いた。市民がダンプを阻止するため、車を止めて座り込んでいた。高級スポーツカーに乗る男性は、足止めされたことに抗議していた。

市民は不便をわびたうえで、説明しようとした。

「政府は戦後71年たっても、まだ沖縄に新しい基地を造ろうとしている」「警察も完

座り込みの市民に抗議する男性（中央）。会話はあくまでかみ合わなかった＝2016年9月10日、国頭村安波

全に政府の味方で……」

するると、男性が遮った。「運動のことはよく分からない。僕、主義主張ないんだから」

市民はなおも「そういう人が多いから基地問題は解決しないんですよ」と語りかけるが、男性は拒絶した。「どうでもいいんです」

私も男性に取材を断られてしまったので、それ以上のことは分からない。とにかく、彼が暮らしてきた本土では「どうでもいい」と言い切れることを、あらためて知った。そう言っても誰もとがめないのだろう。

日米安保の恩恵というものがあるとしたら、それを享受している本土も当事者である。それに、政府はいざとなれば、手段を選ばない。むき出しの暴力で国策を貫徹する。沖縄と同じことを本土でしない保証はない。取材中の記者拘束を「現場の混乱や交通の危険」のためだと正当化し、全国どこでも可能にした政府の答弁書を見ればそのことが分かる。だから、機会があるたびに「きょうの沖縄はあすの本土」と言うようにしている。

言いながらも、実は複雑な気持ちがある。「本土が沖縄化する危険」を持ち出さないと気付いてもらえないのか。沖縄が今受けている基地被害を訴えるだけでは、本土の関心を呼び起こすには足りないのか。本土出身の私自身の中で、やるせなさ、罪悪感がない交ぜになる。

高江の状況を伝えようと、インターネットメディアの記者が東京から来てくれたことがあった。現場を案内中に作家の目取真俊（55）に会ったので、紹介した。記者は高江の異常事態について聞き、「こういう事態は本土でもじわじわ広がると思いますか」と尋ねた。

目取真は猛然と怒り始めた。

「どんどん広がってほしい。本土が先に悪くなった方がいいんですよ。東京でみかんが腐っている。そのかびが沖縄に飛んできて迷惑している。戦中も沖縄までは戦場にして、本土決戦はやらなかった。これが典型なんですよ」

この記者が問題意識を持って高江に来たことを、私は知っている。それでもなお、沖縄が現在進行形で払っている犠牲を見過ごすような言葉が出た。目取真はそれを逃さなかった。

第4章

無法と葛藤

揺れる法治

国が窃盗を働く。信じられないようなことが、高江では起きた。手を下したのは、ヘリパッド建設の実行部隊になった沖縄防衛局。警察と同じように数々の不法を重ねた。

N1表の入り口近くに、地元住民組織「ヘリパッドいらない住民の会」が2007年の座り込み開始から9年間使ってきたテントがあった。中には食料、寄せ書き、来客にヘリパッド問題を説明するためベニヤ板に描いた大きな地図、それに長年テントを守ってきたメンバーの遺影があった。

16年7月22日、工事再開の日。500人もの警察官が抗議の市民を排除した後、防衛局職員がこのテントを引き倒し始めた。約40人がかりである。

道向かいにいた私も気付いたが、機動隊員と民間警備員が間にいて全く近づけない。そうこうしているうちに、テントはなくなってしまった。

高江に住む伊佐育子（55）は「9年間暮らした家みたいなもの。いろんな思いが詰

機動隊員と警備員に守られ、テントの解体に取りかかる防衛局職員＝2016年7月22日、国頭・東の村境

まっているのに、守れなかった」と目を潤ませた。同じく高江住民の安次嶺現達（57）も「自分たちの意思は全て無視され、こんなにも簡単に撤去された。言葉にならない悔しさと怒りがこみ上げる」と絞り出した。「見たくもないけど、現実として見る。疲れているけど、あしたからまた声を上げていく」

一方、防衛局職員の中にはテント内にあった品物を整理しながら笑っている者たちがいた。全てはトラックの荷台に放り込まれ、持ち去られた。

防衛局は事前にテント撤去を求め、応じない場合は「所有権が放棄されたものとみなします」と書いた「要請」文を貼り付けてはいた。だが、防衛局には所有権が放棄されたとみなす権限も、ましてや勝手に撤去する権限もない。テントが立っていたのは県が管理する県道脇の敷地だった。

仮にそれが国有地だったとしても、防衛局職員が勝手に触れることはできない。日本の法は自力救済を禁じている。権利があるからと言って実力行使を認めれば、行き過ぎて別のトラブルが起きかねないからだ。

経済産業省の敷地内に立っていた東京の脱原発テントでさえ、国は撤去を求めて裁判を起こさなければならなかった。最高裁まで争い、5年かかった。16年8月21日、最終的に撤去を実行したのは東京地裁の執行官だった。

その1カ月前の高江では司法手続きをすっ飛ばし、行政の一員にすぎない防衛局職員が問答無用でテントを運び去った。撤去するにしても、せめて東京並みの順序を踏むべきだ。監視の目が少ない沖縄の山奥では、そんな最低限の要求すらかなわない。三権の一角による暴走。複数の弁護士が「紛れもない窃盗。犯罪行為だ」と断じた。

テント撤去の根拠を追及された防衛省は、防衛省設置法を持ち出した。米軍基地の提供が省の仕事だと書かれている、その関連業務だ、と主張したのだ。この条項にはほかに自衛隊の配置、装備品の調達などが並ぶ。いわば防衛省に課す業務を並べた「お仕事リスト」にすぎない。

関連業務の解釈や範囲を際限なく拡大し、国民の権利を制限できるなら、政府は万能になってしまう。極端に言えば、戸籍を所管する法務省が、関連業務だと主張して特定の夫婦を離婚させることだってできる。それくらい荒唐無稽《むけい》な理屈だった。

自衛隊ヘリ投入

16年9月13日、陸上自衛隊のヘリを使って重機などを運んだ時も、防衛省はこの設置法を持ち出した。言うまでもなく自衛隊は軍事力であり、ヘリは兵器である。だから自衛隊法は防衛出動、災害派遣など行動できるケースを限定して列挙し、逆にそれ以外の行動は禁じている。軍事力が暴走しないように律しているのだ。

当然、そこに米軍基地建設の下請けができるなどとは書いていない。自衛隊法はヘリを使う根拠になり得ない。防衛相の稲田朋美は記者会見でこの点を追及され、取り乱した様子を見せた。

「六法持っていないの」「何でもいいから貸して」

米軍北部訓練場内でトラックを積み、ヘリパッド建設予定地へ飛び立つ陸上自衛隊のCH47大型輸送ヘリ＝2016年9月13日、東村高江

法律書にその場で目を通し、「自衛隊法に列挙されているものには当たらない」と認めざるを得なかった。

代わりに根拠に挙げたのが設置法で、またしても基地提供の関連業務だと強弁した。稲田は弁護士である。破《は》綻《たん》した法解釈であることは自身が一番よく分かっていたはずだ。

この時、防衛省は追い込まれていた。工事はただでさえ市民の抗議行動で遅れていた。加えて、山奥にあるヘリパッド建設予定地G、Hの2地区に重機を運ぶための生活道路や農道の使用を地元の東村長、伊集盛久（76）が拒否した。ヘリパッド自体は容認した伊集だが、工事車両通行に伴う抗議行動と住民生活の混乱を懸念していた。米軍北部訓練場の一部返還とヘリパッド建設が政府の言う通り本当に地元の負担軽減につながるなら、抗議行動など起きない。市民と村長の理解を得て、重機は道路を通ってすんなり入ることができたはずだ。

実際は騒音と危険が大きくなるだけだった。だから、住民が反発した。しかし、政府は説得の努力を放棄した。ヘリを投入して、矛盾を文字通り飛び越えることを選んだ。

まず9月9日から民間のヘリをチャーターして、軽めの資機材を運び込んだ。4日後の13日、沖縄本島沖合にいた海上自衛隊の輸送艦「おおすみ」から陸自のCH47大型輸送ヘリが飛び立った。

いったん北部訓練場内に降り、機体からつり下げた鉄板に重機やトラックを固定。警察が通行止めにした県道の上を越え、6回輸送した。

自衛隊の艦船が基地建設に投入されるのは初めてではない。2007年5月、ちょうど第1次安倍政権の時、名護市辺野古沖の環境調査に掃海母艦「ぶんご」を派遣したことがあった。当時、沖縄では衝撃をもって受け止められた。

太平洋戦争末期の沖縄戦で、旧日本軍は住民から食料を奪い、壕《ごう》から追い出し、虐殺した。旧軍の実質的な後継組織である自衛隊への反発は、薄まってきたとは言え、まだ根強い。

そういう背景があり、ぶんご派遣は政府が戦後最も強硬だった事例として語られてきた。それでもこの時、ぶんごは反発を考慮してメディアに見えない所で活動した。

高江では、艦船に加えてヘリが投入され、しかも抗議する市民の頭上を飛んでいった。強行ここに極まれり。市民は「本当にここまでやるのか」とあっけにとられていた。「沖縄戦の過去も住民感情も、もはや関係ない。タブーにあえて挑戦して、沖縄の自衛隊観を根本的に変えようとしている」という見方もあった。

私も、陸自ヘリが飛び越えた県道に立っていた。見上げると、機体からつり下げた鉄板とトラックがゆっくりと揺れていた。法的根拠もないまま、市民が反対する事業に兵器を差し向ける。この国の法治主義もまた、大きく揺らいでいた。

切り裂かれた秘境

沖縄に住んで20年。野生のヤンバルクイナを見たのは唯一、ヘリパッド建設問題の

高江の集落内で見掛けたヤンバルクイナ＝2016年7月30日

取材中だった。

名前は沖縄本島北部地域の通称「やんばる」から来ている。赤く大きなくちばし。「飛べない鳥」として知られ、太い足を使ってちょこちょこと歩く。

山に分け入ったわけではない。高江集落内の生活道路を車で走っていて見つけた。探さなくても国の天然記念物に会えてしまう。高江の自然の豊かさをあらためて知った。

「キョッ」「キョッ」と鳴くのは沖縄県の県鳥、ノグチゲラ。本土のトキやライチョウと同じように国の「特別」天然記念物に指定されていて、手厚い保護を受けるべき希少な鳥だ。ところがそのノグチゲラが暮らす秘境の森を切り裂いて、計6カ所のヘリパッドが造られた。

那覇防衛施設局（現沖縄防衛局）による2007年の調査では、ヘリパッド建設予定地周辺に35カ所の巣穴が確認されている。伐採された木の数について正確な資料はないが、数万本に上ることは確かだ。伐採した跡に、市民の集計で10トンダンプ360台分もの砂利が注ぎ込まれた。

工事現場で、ノグチゲラが巣作りした木が伐採された状態で見つかった。そんな話を17年3月に聞きつけた。巣穴のような穴が開いた木が、ヘリパッドと一緒に造られた歩行訓練ルート沿いに転がっているのを抗議の市民が見つけたという。

現場は北部訓練場の中で、合法的には立ち入れない。この森を観察して50年、「やんばるの自然を歩む会」代表の玉城長正（77）が写真を見て「数年前にノグチゲラが営巣した木に間違いない」と言った。そこで、「ノグチゲラ営巣木伐採か」と、断定しない形で記事を書いた。

1週間後、防衛局がメディア各社に文書を配った。タイムス紙面の写真と地図をもとに現地でこの木を探しだし、専門家と確認した結果、営巣木ではなかったと断定。「誤解を招く報道は大変遺憾」と記事を批判した。

防衛局は私と違って基地内に入れる。問題の木が営巣木でないなら、そう記事に書くつもりだった。「その専門家の見解を取材して記事にするので氏名と連絡先を教えてほしい」と依頼した。

防衛局は断ってきた。調べてみると、「専門家」とは環境モニタリング業務を発注したコンサルタント会社の従業員だった。せめて、と見解の正しさを裏付ける研究歴や専門分野を再度照会したが、結局答えはなかった。

これでは記事にならない。辺野古でも高江でも、防衛局はこういう「覆面専門家」を使って「生態系への著しい影響はない」などとお墨付きを得たように発表してきた。

研究者の誇り

宮城秋乃（38）は「アキノ隊員」として著書もあるチョウの研究者である。研究者の誇りにかけて、「覆面専門家」を許さない。防衛局の文書をもとにタイムスを批判する産経新聞の記事でこの一件を知り、防衛局に公開質問状を出した。

「責任の所在を明確にするため、専門家の氏名を公表するべきだ。名前を公表できない専門家には公的な調査を依頼するべきではない」

仮に問題の木が営巣木でなかったとして、この「専門家」はヘリパッドがノグチゲラに与える影響をどう言っているのか。さまざまな質問をぶつけたが、やはり防衛局からの回答はなかった。

「チョウと遊びたいだけ。研究は口実」と冗談めかしながら、宮城は足しげく高江の森に通う。14年には、ノグチゲラ営巣木の上をオスプレイが低空で1時間旋回するのを目撃した。観察していると、巣立ち間近のひなが2時間、巣穴から顔を出さなくなった。通常は隠れてもせいぜい数分。それまで観察したことのない異常な行動だった。オスプレイの騒音が影響した可能性が高い。この時点では高江周辺の新設ヘリパッドはまだ一つも使われていなかった。今後6カ所が使われるようになれば、オスプレイがもっと頻繁に飛び交い、さらに生息を脅かすことになる。

足元でも、小さな希少種たちが痛めつけられていた。16年8月、山中で偶然、宮城に会ったことがある。「あなたがリュウキュウウラナミジャノメの生息地を破壊しました」と書いた抗議文を持っている。長い名前は、沖縄本島固有種のチョウ。生物たちが群舞していた林がある日、跡形もなく伐採され、整地されていた。毎晩見掛けた

市民の進入防止のため防衛局が山中に設置した有刺鉄線。執拗なまでに張り巡らされた＝2016年9月21日、国頭・東の村境

ホルストガエルの生息地も。

防衛局は抗議市民の立ち入りを防ぐため、山中にフェンス、ベニヤ板、有刺鉄線を張り巡らした。高さ4メートル近くにもなる壁が「一夜城」のように出現したこともあった。中で囲われた生物たちは工事から逃げ場を失った。宮城は防衛局職員と作業員に宛てた抗議文、チョウやカエルの写真をフェンスにくくり付けた。

「これで工事が止まるとは思わないし、すぐにはがされるかもしれない。でもはがす時でいいから読んでほしい。後で知らなかったとは言わせない」

目の前で愛する生物たちが殺されていく。現場から東京の環境省に「防衛省を止めて

フェンスに結び付けるリュウキュウウラナミジャノメの写真を準備する宮城秋乃＝2016年8月27日、国頭・東の村境

ください」と電話することもあった。

あらゆる手段を使って孤軍奮闘する宮城と対照的に、他の研究者は沈黙した。「みんな国が相手だと立ち向かわない。生物が好きで学者になったのか、金や地位のために生物を利用しているだけなのか」と、宮城は憤った。

防衛局は当初、生物たちが工事から逃げる余地を残すため1カ所ずつ工事する方針だった。工事が遅れ始めると、あっさり前言を撤回。N1地区にG地区とH地区を加え、3地区同時に工事を始めた。

現場では、行き場をなくしてさまようリュウキュウヤマガメ（国の天然記念物）の姿が何度も目撃されている。

資料流出

沖縄防衛局の内部資料が16年11月、インターネット上に流出しているのが見つかった。

市民の抗議行動を「違法かつ悪質な妨害活動」などと12ページにわたって批判。「的外れに違法伐採、違法工事だと騒ぎ立てているが、その事実は無い」「無知から来る発言か、意図的な発言かは定かではない」と敵意をむき出しにしていた。

実はこの資料は、作成途中で流出していた。その分、「本音」が赤裸々につづられていた。

「違法伐採の事実はない」という記述自体が事実ではない。16年7月の工事再開当初、防衛局は高江の森をいきなり無許可で伐採し始めた。現場は北部訓練場の中だが、国有林でもある。立木の伐採には林野庁の許可が必要なのに取っていなかったことが、市民の調べで発覚した。

野党国会議員も追及し、防衛局はようやく誤りを認めた。林野庁に顚末《てんまつ》書を提出、

参考　違法かつ悪質な妨害活動の例（的外れな違法侵入の口実）

- 9月22日より提供施設区域内に違法侵入した際には直接的な妨害活動を行っていたが、山城博治容疑者が逮捕された10月17日以降は工事場所への侵入防止のためのフェンスがほぼ整備されたこともあり、工事場所への侵入が困難になった。それ以降の違法侵入について反対派は工事監視のためと言っている。
- 違法侵入し、的外れに違法伐採、違法工事だと騒ぎ立てているが、その事実は無い。直接的な妨害活動を行わず、監視活動だけを行っているからと言って、違法侵入自体は刑事特別法第二条で定めている施設又は区域を侵す罪を免れるものではない。

【違法侵入者が違法だと言っている例】

- ◆ 提供施設内で使っている砂利を運んでいるダンプが過積載であり、違法。［違法性無し］
- ◆ ヘルメットに名前と血液型の記載が無い。違法工事だ。［違法性無し］
- ◆ （全く根拠を言わず）違法伐採だ。［違法性無し］
- ◆ 工事によって赤水が出ている。赤土対策が不十分。［適切に対処］
- ◆ 工事用道路に使われている砂利にセメントや有害物質が含まれている。［事実無根］
- ◆ ダンプのサイドミラーが無い。［違法性無し］

無知から来る発言か、意図的な発言かは定かではないが、何れも違法性等の事実は無い。

【施設区域内のダンプ過積載】

事実関係

- ◆ 提供施設内の工事用道路は道路交通法の運用外であり、過積載の法規制は無い。
- ◆ 環境への影響（通行頻度の低下による大気等への負荷軽減、ロードキルのリスク低減等）、工事の効率性等を総合的に勘案し、ダンプの最大積載量以上の砕石を積み込むことでダンプの走行台数を低減させている。
- ◆ 工事用道路は関係車両のみ通行するものであり、安全な走行速度とする等安全に十分配慮して工事車両の管理を行っている。
- ◆ 施設区域内のダンプが過積載で違法であるという事実は無い。
- ◆ なお、道路交通法が適用される公道上では、適法に最大積載量の範囲内で運んでいるところ。

沖縄防衛局が作り、ネットに流出した反論資料。「的外れな違法侵入の口実」など感情的な言葉が並ぶ

事後に協議して「事前」協議が成立していたことにしてもらうという失態を演じた。

防衛局の資料は「違法工事」も否定していた。実際には資材を運ぶダンプに表示番号がない、バンパーの長さが足りないなど違法な点が多く、陸運事務所の行政指導を受けた。現場でたばこを吸いながら工事をしているのは火事になる危険があるとして、労働基準監督署が立ち入ったこともある。

「森に直接風が吹き込みやすくなり、森の乾燥を助長」「やんばるの森を守ると言っておきながら、森の環境を破壊している悪質な行為」

資料はさらに、市民が山中に立ち入るため通り道の草木を伐採していたこともやり

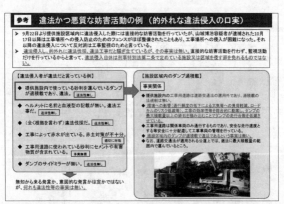

玉に挙げた。一面の真実ではあるが、防衛局が造成したヘリパッドは1カ所の直径が75メートルある。市民の伐採は無許可で、防衛局の伐採は事後に許可を得たとしても、環境破壊の深刻さは比べるべくもない。

工事費膨張

「ヘリ輸送による工事費増加」という記述も、防衛局の資料にはあった。工事費は契約当初6億1300万円だったのが、15倍の94億円に膨れ上がっていた。民間ヘリのチャーター代に加え、警備費の追加が大きかった。16年9月から約1年間の警備業務を2社に63億円で発注していた。

16年末に抗議行動が収束し、17年3月からはノグチゲラの営巣期間に入って工事自体が止まった。市民側はほとんどの場合、N1表に監視当番が一人いるだけだ。衝突がおよそ考えられない状況なのに、N1表や山中には警備員が多数配置されたまま。1日平均で約1800万円の警備費が垂れ流されている。

工事費の膨張を示す契約書類は北上田毅《つよし》（71）が入手した。関西の自治体で土木技師などを務めて退職し、07年に沖縄に移住。当初は歴史や文化をのんびり学ぶつもりだったが、沖縄の緩やかな市民運動のあり方にひかれ、関わりを深めてきた。もともと関西でも、情報公開請求で得た事実を武器に行政を追及してきた経験があり、沖縄の運動に新風を吹き込んだ。高江では12年、N4地区ヘリパッドの工事を情報の力で止めたこともある。防衛局がクレーンを使い、抗議する市民の頭越しに砂利を運び込む危険な作業を繰り返していた。道路使用許可を得ていない場所で作業していることを示す文書を突き付けると、防衛局と建設会社はその日の作業を中止し、退散した。

工事費の膨張について、北上田は「ヘリパッド建設自体は簡単な工事。四つ造るのに94億円なんてあり得ない」と批判した。

「当初の工期は1地区につき13カ月だったのに、官邸のトップダウンで3地区全部で6カ月に縮めた。工期短縮、民意無視、と無理が重なり、自然破壊と税金の無駄遣いにつながった」

防衛局には地元が反対するからヘリパッド建設をやめるという発想はなかった。反対して手こずらせるから余計な金がかかったのだ、と言わんばかりである。

推進側の葛藤

　無謀がまかり通る現場で、防衛局の職員は何を思っていたのか。ある職員が取材に応じてくれた。「一番つらかったのは夏。暑いし、何より本当にこの工事は終わるのか。いつまで続くのか。先が全く見えなかった」と振り返る。

　防衛局は2016年7月の工事再開直前、緊張が高まるなかで、現場に24時間態勢の職員配置を始めた。市民が拠点としてきたN1表には、突如約15人の職員が現れた。市民は当然、「何をしに来たのか」と反発した。

　職員たち自身も、何をしに来たのか分かっていなかった。ただ「行け」と言われただけ。上の指示に従った。市民が出入り口付近に並べた車の間の狭いスペースに、ひたすら立ち続けた。

　徹夜して迎えた明け方。月が沈み、頭上にはプラネタリウムのような星空が広がっていた。職員は言う。

「こんな静かな集落にオスプレイが来る。反対する住民の気持ちも分かる、と思っ

N1表に突然配置された防衛局職員（左）。24時間、交代でただ立ち続けた＝2016年7月16日、国頭・東の村境

た」

当番は当初8時間ずつの1日3交代で、途中から12時間ずつの2交代になった。本省や全国の出先からも応援を得て、12月の完成式典までの半年間だけで延べ1万5600人が投入された。

午前0時から正午までの当番の場合、昼間は本島中部の嘉手納町にある防衛局で普通に仕事をして、午後9時半ごろに高江に向け出発する。現地では交代で仮眠を取ることになっているが、狭い車の中ではあまり眠れない。翌日正午にやっと現場での当番が終わると、午後3時前に職場に戻る。

そのまま帰宅してもいいのだが、仕事がたまっている。結局、それを片付けてから帰る。そんな日々の繰り返しで、現場は疲弊していった。

工事が進むにつれ、「戦線」も拡大する。山中の工事現場で抗議の市民と直接対峙《たいじ》するようになった。市民の中には「お前ら恥ずかしくないのか」「こんなことをするために役所に入ったのか」と罵倒する人もいた。

職員は「震災の時のように人助けなら、三日三晩寝なくても耐えられる。今回はメンタル的にきつかった」と漏らした。そんななか、大臣の中谷元、その後任の稲田朋美から直筆サイン付きの激励文がそれぞれ局内一斉メールで送られてきた。現場の苦労が伝わっているようでうれしかったという。

完成式典（16年12月22日）から3日後のクリスマスの日、あらためて聞いてみた。テント撤去や自衛隊ヘリの派遣は違法ではなかったのか。この職員は「現場の人間には法的権限は分からない。うちが違法なことはやらないと思っている」と答えた。

今後、高江の人々がオスプレイが飛び交う騒音の下で暮らすことになるのではないか。これには、「集落上空を飛ばないよう、米軍に強く申し入れている。運用に口を出す権限はないから約束はできないが、そう期待している。こういう言い方も何だけど……」。

無責任に響くかもしれないが、とても正直な回答だった。その通り、全ては米軍の意向次第。防衛局にも東京の首相官邸にも、住民を守る力はない。

職員は「とにかくやっと終わった。これでけりがついた」と繰り返した。

作業員と社長

ある作業員の男性はこう打ち明けた。

「自分もウチナーンチュ（沖縄の人間）として基地は嫌。こういう仕事じゃなかったら、反対側に行っていたかもしれない」

毎日、仕事に行きたくなかったという。

「でも雇われの身。反対は反対だけど、この現場だけ行かないというわけにはいかないでしょう」

仕事に行けば、抗議の市民と向き合わざるを得ない。なじってくる人には腹が立ったが、生物の写真を見せながら「この生き物がいなくなったらどう思いますか」と語り掛けてくるような人とは話し込むこともあった。

ヘリパッドH地区の工事現場。森を伐採し、切り土と盛り土で平面を造っていく=2016年11月21日、北部訓練場内（提供）

いつの間にか仲良くなった人に「別の仕事紹介するよ。東京に来たら」と持ちかけられた時には、思わず笑ってしまった。「東京には行けないです。ずっと地元で育ってきたんで」。怒ったり笑ったり、感情の起伏の激しい特殊な現場だった。

男性は、国家権力というものを初めて間近で見た。迫力があった。膨大な数の機動隊員や警察車両。資機材輸送のために投入された自衛隊ヘリも見た。「国はここまでするのか」と、思い知らされた。

市民がいないところでは、機動隊の上司が部下に「お前ら（市民を）抑える気はあるのか」「ちょっとくらい文句言われても向かって行け」と怒鳴り散らしていた。一日の作業量は、事業主体の防衛局ではなく警察が警備の都合で決めていた。

現場は山奥で、見るからに人口も少ない。ヘリパッドが完成しても被害はそれほど出ないのではないか。そう思おうとしていた。「ミサイルとかを直接作っているわけじゃないから、戦争の道具とか人を殺す物とかっていう意識はあまりなかった」という。

「でもオスプレイが離着陸したらやっぱり振動や騒音はすごいだろうな。地元の人は大変だろうな、と。自分が造ったから嫌ではあるけど……」

一方、建設会社の社長はもっと割り切った考えの持ち主だった。「公共工事の契約を、誇りと責任を持って履行しただけ」と言った。

抗議行動にさらされ、機動隊に守られ、官房長官の鶴の一声で工期が短縮される。異例なことだらけの現場だったが、「国策の下、目的は一つ。機動隊も防衛局も真摯《しんし》に対応してくれて助かった」と振り返る。

「政府が基地を造ろうとしたから反対が起きたのは分かる。反対するのは自由だ。だけど、工事をやめろと言われても私たちにやめる権利はない。働く自由だってあるだろ?」

社長は思ったことをズバズバ言うたたき上げタイプだ。

こんなこともあった。タイムスのヘリパッド建設問題の報道が新聞労連の賞を受賞した。そのことが紙面に載った日、朝一番でこの社長から電話があった。

「人を食い物にして、賞をもらって、上等だねぇ」

確かにそういう側面もあるかもしれない。どぎまぎしていると、「おめでとさん」と言って電話は切れた。人情家なのだ。批判した相手からの祝福は、記者冥利《みょうり》に尽きた。

第5章

破局と隷従

オスプレイ無残

長い夜は、一本の電話から始まった。

2016年12月13日午後10時すぎ。名護市東海岸、安部《あぶ》の住民が沖縄タイムス北部報道部に「ヘリが集落を旋回している」と訴えてきた。同僚の西江千尋（30）は受話器を置くと、すぐ現場に向かった。

ちょうど1週間前からオスプレイの訓練が激化していた。名護市の南、宜野座村《ぎのざそん》などでは物資をつり下げたまま民家の上空を飛ぶという異常な訓練を繰り返していた。米軍機の動向に敏感になっている時期だった。

安部に着いた西江は、オスプレイやヘリが飛んでいるのを確認し、同僚の伊集竜太郎（38）に電話した。

「おかしい。2、3機が海面をライトで照らして飛んでいる。訓練ではないかもしれない」

締め切りまであまり時間がない。急いで住民の話を聞き始めた。

何かを捜しているのだろうか。西江の電話に違和感を持った伊集も安部に向かった。住宅地での取材と原稿執筆がある西江を残して砂浜に出た。上空のヘリはすでにいなくなっていたが、遠くの岬で何やら複数のライトが動いている。米兵がいるらしい。

ちょうど住民の男性がいたので岬までの行き方を聞くと、砂浜と岩場を歩いていくしかないという。男性は親切に途中まで案内してくれたが、伊集はトラブルに巻き込む不安を覚えた。丁寧にお礼を言い、一人歩いていった。

伊集は入社14年目の中堅記者である。04年、普天間飛行場（宜野湾市）と隣り合わせの沖縄国際大学にヘリが墜落した時の経験則を知っていた。

何の法的根拠もなく大学構内や生活道路を占拠した米軍は報道陣を追いかけ回し、執拗に取材を妨害していた。「撮影を知られたら、カメラのメモリーカードを奪われるかもしれない」。いざとなったら闘う覚悟を決めた。

タイムスの基地報道に関わる現場記者やデスク約70人は、携帯電話のメーリングリストを作っている。12年のオスプレイ配備に合わせて導入した通称「オスプレイメール」はこの夜、鳴りっぱなしになる。一報は午後11時35分。

「オスプレイが沖縄の海上に不時着」

伊集が海岸を歩いていく間も、事故現場を巡る情報は「東海岸」「津堅《つけん》島沖」「浜比《はまひ》嘉《が》島沖」などと錯綜《さくそう》していく。

懐中電灯もないまま、滑ったり潮だまりに落ちたりしながらようやくたどり着いた岬の突端付近。この夜は満月だった。月明かりに、岩とは違う大きな黒い影が浮かんでいる。

「まさか」

とっさに「米兵に追いかけられても逃げられる距離」を考え、十数メートルほど離れた所でカメラを構えた。短時間勝負だと決めたのに辺りが暗すぎてなかなかピントが合わず、シャッターが切れない。辛うじて3枚、撮影できた。

はやる気持ちを抑え、デジタルカメラの再生ボタンを押す。ディスプレーに、オスプレイの無残な残骸が浮かんだ。身震いと怒りが突き上げた。

日付が変わって14日の午前0時33分。まだ墜落地点を巡って混乱を極めているメーリングリストに投稿した。

「目の前にオスプレイの機体あります」

周りには記者はもちろん、警官や海上保安官すらいない。日本側一番乗りで現場を

伊集が撮影したオスプレイの残骸。新聞の1面を大きく飾った＝2016年12月14日、名護市安部の海岸（沖縄タイムス社提供）

探し当てた。後になって分かることだが、この時点で日本政府はまだ墜落地点をつかめていなかった。

締め切り間際の本社から、写真の催促があった。写真を撮れても、メモリーカードを奪われて紙面に掲載できなかったら元も子もない。伊集はいったん現場を離れると、パソコン画面の明かりで米兵に気付かれないよう、岩陰に身を潜めて写真を送信した。岩場に転がったオスプレイの残骸の写真は、翌朝の新聞１面を大きく飾った。

報道陣の闘い

伊集、西江、その後到着した城間陽介（28）の同僚３人が現場をはいずり回って

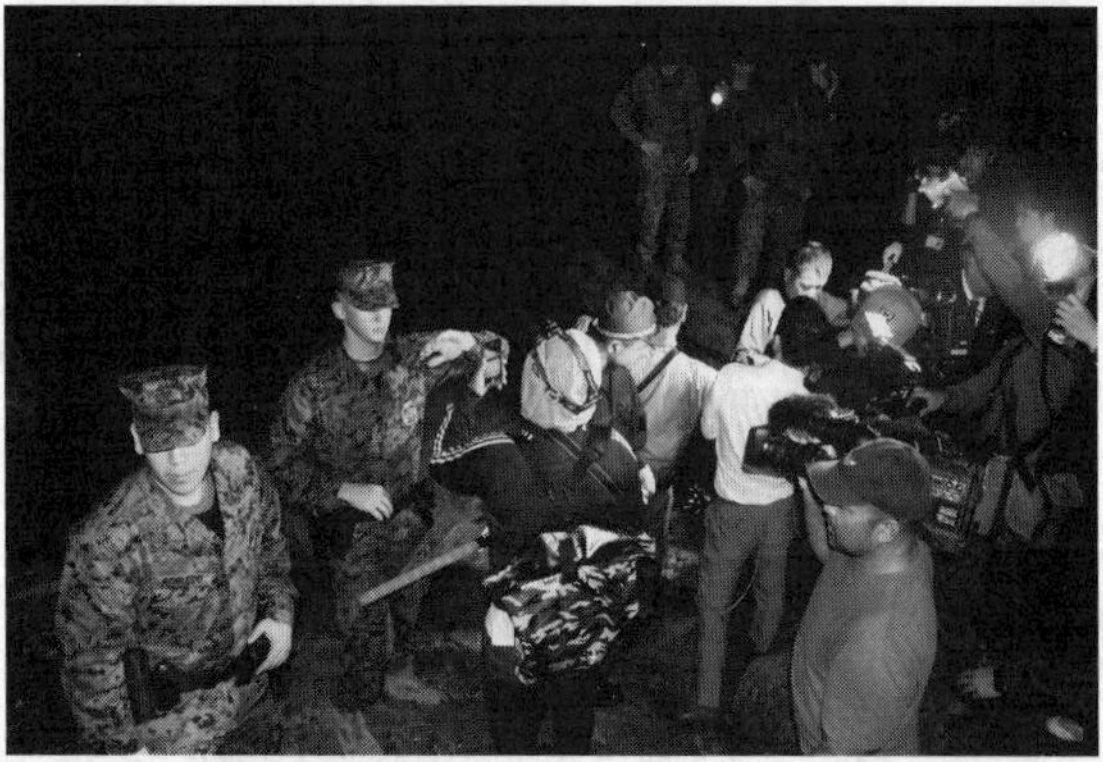

オスプレイ墜落現場で報道陣を規制する米軍の憲兵＝2016年12月14日、名護市安部の海岸

いたころ……。私は家で寝ていた。13日は休みで、3歳の息子を寝かしつけるつもりがいつものように一緒に眠りこけていた。

午前1時すぎにふと目が覚め、携帯電話を見ると新着メールが40件以上。事態をのみ込むのに時間がかかったが、伊集の「目の前にオスプレイの機体あります」というメールを見て眠気が吹っ飛んだ。あれほど衝撃的なメールは、後にも先にも受け取ったことがない。

現場が海岸沿いなら、風が強いだろう。12月の夜はいくら沖縄でも寒い。できる限りの厚着をして、さらにヒートテックの上下をカメラバッグに突っ込んで自宅アパートを飛び出した。

車を運転しながら7月22日、工事再開の日の高江で空腹と渇きに苦しんだことを思い出した。コンビニに寄って、これでもかというほど食料と水を買い込んだ。

現場に着いたのは午前2時45分。すでに他の報道陣、海上保安官、警察官がいた。海の捜索をしていた米兵はボートで現場を離れたようだが、同じ名護市内にあるキャンプ・シュワブの憲兵隊8人が私の後ろから歩いてきた。憲兵たちは現場に着くなり、報道陣の規制を始めた。

ちょうど潮が満ちてきており、確かに機体周辺は水かさが増していた。保安官や警官の指示もあり、報道陣約20人はすでに岸に向かって下がっていた。

だが、米軍の要求はきりがない。憲兵隊の責任者が警官に命令を始めた。「押し戻せ！」「ずっと、ずっと遠くだ！」「もっと距離が必要だ！」

部下にも「日本の警察に（排除を）手伝わせろ」と指示する。警官は責任者に「OK、OK。トラスト・ミー（信じてほしい）」と、かつて首相鳩山由紀夫が米大統領オバマに言ったようなせりふを返すと、報道陣に向き直った。

「下がってください」

冗談ではない。伊集は「ここは米軍基地じゃない、沖縄だ」と英語で声を張り上げた。沖国大の時の再現を許すわけにはいかない。私たちは必死だった。私は憲兵隊の責任者に「どこまで下がれと言うのか」と尋ねた。責任者は機体が見えなくなる岩場の陰を指して、「あそこが見えるか……」と言いかけた。普段ならなるべく相手の言い分を聞き出すところだが、反射的に遮ってしまった。

「そんなわけないだろう」

責任者は憮然《ぶぜん》として口をつぐんだ。

警官には、「県警が米軍の命令で動くんですか。沖国大みたいに政治問題になりますよ」と聞いた。警官は「航空機に毒物があるかも」「満潮が近づき、危険だから」と人によって違う理由を挙げた。

その場を動かない報道陣に、憲兵たちもいら立ちを募らせた。一人が、岩の上に立っていた私を「そこから下りろ！」と怒鳴り付けた。別の二人は私のカメラを見ながら、「あそこにもカメラがある。写真を撮らせないようにするぞ」とささやき合った。

規制線の内側から

午前4時半すぎ、憲兵たちは突然現場を黄色いテープで囲み始めた。「POLICE

LINE DO NOT CROSS（警察規制線　立ち入り禁止）」と書かれている。日本の民間地に立っている限り、彼らは警察でも何でもない。本物の警察はしかし、黙って見ているだけだった。

米軍の規制には根拠がない。私は張り巡らされた黄色いテープの内側、墜落地点直近の岩場にとどまった。後になって、「下がってほしい」と丁寧に求めてきた米兵にはこう尋ねた。

「あなた個人を責めるつもりはないが、聞かせてほしい。今、誰の土地に立っていると思う？」

思慮深そうな顔をした米兵はそれ以上、何も言わなかった。

現場に残っていた報道陣約10人のうち私ともう一人だけ、琉球新報記者の友寄開《ともよせかい》（26）も内側にとどまった。社会人採用の入社2年目。「何が何だか分からなくて、動転していた。でも、とにかくここを離れたら記者になった意味がない、と思った」という。

未明の岩場は冷え込んだ。友寄は前日、普通に仕事をした後に駆け付けた。軽装で、食料もなかった。持ってきたヒートテックを貸し、菓子パンを分けた。友寄は後日、

「この命は阿部さんに救ってもらった命です」と言って笑わせた。

ガガン、ガガン。機体の残骸が波に運ばれ、岩場に打ち付けられる音だけが、暗い海に響いていた。私は、夜が明け現場の全貌が分かる前に機動隊が強制排除に来るだろうと予測していた。

高江でも記者が拘束されている。眼前の闇に潜んでいるのは、比較にならないほどの機密の塊である。友寄と、排除される時は暴れたりしないこと、きちんと言葉で抗議することを確認し合った。ところが結局、機動隊は来なかった。後から聞くと、県警はこの時、本部で私たちの取り扱いを協議し、直接手を下すことまではしないと決めていた。

その代わり、現場から100メートルほど離れた岩場にはすでに規制線を設けていた。報道陣に対し、外には出すが中には入らせないという方針に出た。規制線の内側で取材していた私も、一度外に出れば再び中に入れなくなってしまう。同僚に交代してもらうこともできない。高江の工事再開の日と同じように、またしても深夜から夕方までの持久戦を強いられることになった。

安部集落沿いの国道331号にはおびただしい数の警察車両が殺到、回転する赤色灯が闇に沈む民家を照らしていた。伊集と西江は現場を私に引き継いで帰ろうとして、この光景に出くわした。

知人のカメラマンに会った。交通規制をしていて、車を捨てて歩いてここまで来るほかなかった、と教えてくれた。安部の集落自体が隔離されていることを知った。

高江に派遣された本土の機動隊が主な宿舎として使ったリゾートホテルは偶然、同じ安部にあった。彼らが即座に投入されていた。安部の手前で国道を通行止めにしたほか、安部の国道から海岸に出るあらゆる小道をふさいだ。

機動隊員は伊集が確認しただけでも１００人以上いた。ここでも高江と同じことが再現されるのか。伊集は監視の目をかいくぐって砂浜に戻った。オスプレイの残骸撮影で腰まで海に浸かっていて、まだずぶぬれだった。寒風がこたえたが、夜が明け規制が解除されるまで見届けた。

墜落と不時着

墜落現場では、空が白むにつれて様子が分かってきた。オスプレイは大きく三つに分解している。コックピットと右の翼は辛うじてつながっている。左の翼と胴体後部

墜落したオスプレイのコックピットを捜索する米兵。海上保安庁のゴムボートが遠巻きに見守る＝2016年12月14日、名護市安部の海岸

はそれぞれ離れたところで波に洗われている。翼の先に付いたプロペラは大きく裂け、枯れ木のように海面から突き出していた。

午前7時すぎ、私は携帯電話のメーリングリストに投稿した。

「機体はバラバラになって漂流しています」

この朝配られた沖縄タイムスの1面トップの見出しは締め切りギリギリの判断で「不時着」になっていた。だが、実態はどう見ても「墜落」である。これ以降は「墜落」で統一することにした。

米軍の側も事態を重く見て、情報管理に乗り出していた。午前1時前という異例の時間に出したリリースで「浅瀬に着水した」と発表。日本政府はその直後から「不時着水」という用語を使った。

本土メディアは一部の例外を除いて政府に追従し、「不時着水」と報道した。ヘリを飛ばし、自らの目でバラバラになった機体を確認しても表現は変わらなかった。米国メディアも「クラッシュ（墜落）」と報じるなか、本土メディアの判断放棄は際立っていた。

言葉の言い換えで、深刻な事故の実態が本土に伝わらない。こんなところにも、県民の根強い不信と不満の原因がある。

現場では、米兵が早速機体の回収を始めていた。事故原因解明に欠かせないフライトレコーダーも、この日のうちに持ち去られた。

米軍に数々の特権を保障する日米地位協定によって公務中の事故の第1次裁判権は米側にあるとされ、機体は米軍の「財産」とされる。米側の同意がなければ捜査はおろか、機体に触ることすらできない。

墜落は国内法では航空危険行為処罰法が適用される。海上の事故捜査を担当する海保は巡視船やゴムボート、ヘリまで派遣したが、遠巻きに見守ることしかできなかっ

オスプレイから回収されたフライトレコーダー＝2016年12月14日、名護市安部の海岸

オスプレイの残骸を回収する米兵＝2016年12月14日、名護市安部の海岸

た。パイロットの事情聴取など、捜査への協力は何度申し入れても拒否された。結局、氏名さえつかめないまま、19年9月に那覇地検に形だけ書類送検して捜査は終わった。

怪情報

そもそも、墜落地点の日本側への通報が異常に遅かった。

事故発生は午後9時半ごろ。乗員5人のうち2人がけがを負った。米軍は遅くとも午前0時までには全員をヘリで収容し、病院への搬送も終えていた。つまり正確な場所を把握していたのに、それを日本側に伝えなかった。

一時、北緯26度32分、東経１２８度「76分」という情報があった。分は60進法なので、「76分」という数値は存在しない。怪情報が混乱に拍車をかけた。米軍が日本側に邪魔されずに回収するため、わざと情報提供を遅らせたという見方もできる。

その結果、伊集が現場にたどり着いたのは事故から3時間後の午前0時半前で、海保はそれからさらに1時間以上も後だった。住民との信頼関係から新聞社に情報が寄せられ、機敏に反応した記者たちが当局を出し抜く。同僚としては誇らしいが、政府間の公式ルートがもっと健全に機能しなければ、住民の命に関わりかねない。

沖国大ヘリ墜落事故の現場が混乱したことを受け、日米合同委員会が決めたガイドラインというものがある。

①米軍機が民間地で事故を起こした場合、2段階で規制する②現場直近の危険区域を囲う「内周規制線」は日米共同で管理する③その外側で見物人が入れないようにする「外周規制線」は日本が管理する——という内容だった。

日米地位協定について協議する合同委の日本側代表は外務省北米局長、米側は在日米軍副司令官。大臣も、国民の代表である国会議員もいない。いるのは官僚と軍人だけだ。こんな場で米軍に領土の規制権限を与え、国の根本である主権を一部譲り渡すような重大な取り決めをしていることがまずおかしい。

さらに現場では、そのガイドラインすら守られなかった。現場直近の内周規制線の中では、見てきたように米軍が一方的な規制を繰り返した。

県警だけが管理することになっている外周規制線でも、県警が報道陣を通そうとしたところ、米兵が「ノー!」と言って立ちふさがるということがあった。この時は警官も色をなして抗議。報道陣は2時間後、やっと立ち入ることができた。

報道陣以外に一人だけ、現場で夜を明かした人がいる。ラッパーの大袈裟《おおげさ》太郎（34）。

東京出身の太郎は、高江のドキュメンタリー映画「標的の村」をたまたま見てから、気になってしかたがなくなってしまった。それから1カ月もたたない16年8月、「10日間のつもり」で高江に入ったが、そのまま根を下ろした。名護市にアパートを借り、暮らし始めていた。

この日未明、ネットで墜落情報を知ると現場に駆け付け、スマートフォンでネット中継を続けた。

これだけの大事故だ。歴史が変わると思った。少なくとも、オスプレイは日本では二度と飛ばないと思った。

規制をはねのけ、残骸に肉薄してリアルタイムで惨状を伝えた。視聴者数は最大瞬間で7千人、延べ10万人を超えたという。

現場の警官はマスコミに属さない太郎には特に強い態度に出た。排除の根拠を聞くと、「上に聞いてくれ」と言う。「どこの上なんだ」と聞くと、もう答えは返ってこなかった。

「日本なんですか。アメリカなんですか」

問いはむなしく響いた。太郎はしみじみと言う。

「歴史的に沖縄に押し付けてきた暴力を垣間見た。内地の人間は触れないで済む。だからずっとこんなことが続いてきた。暴力の責任はあいまいなままだ」


「感謝すべきだ」

ヘリコプターのように垂直に離着陸し、上空ではプロペラを前に傾けて固定翼機のような高速で飛ぶ。オスプレイは「夢の航空機」として開発された。だが、構造はどうしても複雑になる。開発段階から事故が相次ぎ、分かっているだけで39人が命を落とした。米国では「棺桶《かんおけ》」と酷評された。
有力誌「タイム」は、「空飛ぶ恥」と題した記事を載せた。初めて月に人を送ったアポロ計画と比較、「2倍の歳月と10倍の犠牲者が出た」と批判した。事故現場で会った米兵も、正直に言った。「オスプレイに乗ったことはない。乗りたくもない。悪い事故歴があるから」

２０１２年に12機が初めて普天間飛行場に配備された時、沖縄ではかつてないほどの反発が起きた。自民党から共産党までが反対で一致。10万人が参加した県民大会や、全市町村長と議会議長が上京して政府に直訴する東京行動があった。

配備直前の４日間、普天間の各ゲートは怒った数百人の市民に占拠され、基地機能が一時止まった。その後13年にも12機が追加配備され、計24機が普天間を拠点に飛び回っている。

墜落はついに、やはり、起きた事故だった。墜落地点から約１４０人が住む安部の集落まではわずか８００メートル。航空機なら文字通り一瞬の距離である。

クリスマスの日、安部の住民やボランティアがオスプレイ墜落現場をさがすと、無数の残骸が見つかった＝2016年12月25日、名護市安部の海岸

加えてこの夜は大潮で、潮

が引いた浅瀬で貝や魚を捕る「イザリ漁」をしている人が墜落地点の近くにいた。住民の被害がなかったのは、単に幸運なだけだった。

米軍はオスプレイを一時飛行停止にしたが、事故2日後の15日には早くも再開を日本側に打診。6日後の19日には地元の反対を押し切って飛行を強行した。

この時点で分かっていたのは、事故が夜間の空中給油訓練中に起きたということだった。燃料を積んだ他の固定翼機から伸ばしたホースがオスプレイのプロペラに当たり、破壊した。それが人為ミスなのか、強風など外的要因のせいなのかは不明のままだった。年が明けた17年1月19日からはさらに、直接の原因となった空中給油訓練まで再開された。

米軍の事故調査報告書は原則6カ月以内に日本政府に提供しなければならない。期限から3カ月遅れの9月に届いた報告書は案の定、事故原因をパイロットの操縦ミスで片づけた。

オスプレイのプロペラはヘリにしては小さいが、固定翼機にしては大きい。空中給油を受ける固定翼モードで、その大きなプロペラがホースに当たりやすい機体構造の問題は黙殺された。

それにしても、米軍の感覚は度し難い。在沖米軍トップの四軍調整官ニコルソンは墜落から一夜明けた16年12月14日、副知事の安慶田《あげだ》光男から抗議を受けた。面談は非公開だったが、安慶田によるとニコルソンは机をたたき、声を荒らげて反発。「県民や住宅に被害を与えなかったことは感謝されるべきだ」と言ってのけた。

抗議自体が許せなかったようだ。「政治問題にするのか」「抗議書にパイロットへの気遣いがあってもいいのではないか」などと迫ったという。外交官ではなく軍人が米国の代表者として振る舞うことの不幸がここにある。内向きの論理を振りかざし、県民をさらに怒らせた。安慶田は「植民地意識丸出しだ」とあきれ果てた。

日本政府はしかし、米軍の姿勢を問うことはしなかった。飛行再開、空中給油訓練再開を告げられた時も、「防衛省、自衛隊の専門的知見に照らしても妥当」「オスプレイは日米同盟の抑止力を向上させる」と追認するのみ。米軍機事故で、県民が見慣れてしまった屈従の光景である。

米軍は12月22日、主立った残骸を回収すると、一方的に作業終了を日本側に通告した。現場の海にはまだ無数の部品が残っていた。地元の要望を受け、その後も何度かは回収に訪れたが、不完全なまま。防衛局が翌年3月に清掃作業をすると、約1万7千個もの「落とし物」が見つかった。

安部に住む70代の女性は怒りをぶちまけた。

「飛行機を落として、後片付けもしないうちにまた飛ばす。人間対人間として、こんな話は通らない。どんなに私たちが反対しても飛ばすなら、沖縄じゅうを全部爆撃して、誰もいなくなってからやったらいいよ」

きょうもオスプレイが安部の沖合を飛ぶ。さらに、辺野古新基地の滑走路2本のうち1本は安部に真っすぐ向かう形で設計されている。新基地ができると、安部は飛行ルート直下になる。

「完成」式典

気付いた時は、悪い冗談だと思った。

12月22日、名護市の万国津梁館《ばんこくしんりょうかん》。2000年の主要国首脳会議（九州・沖縄サミット）のため建設された会議場に、沖縄のバンドBEGINの曲「島人《しまんちゅ》ぬ宝」が流れていた。舞台上のスクリーンには、ヤンバルクイナなどが映し出される。だが、始まろうとしているのは、まさにその宝である自然を切り裂いて造ったヘリパッドの完成を祝う式典だった。

主役の一人、駐日米大使キャロライン・ケネディが舞台に上がった。本国でトランプ政権誕生が迫り、すでに退任が決まっていた。父は言わずと知れた元大統領ジョン・F・ケネディ。自身もリベラル派として知られ、就任時には沖縄の声が届くのではないかと期待する声が一部にあった。

しかし、米大使が米国の権益の根本である日米安保条約に触るはずがなかった。ツイッターに「米国政府はイルカの追い込み漁に反対します。イルカが殺される追い込み漁の非人道性について深く懸念しています」と投稿したことがあったが、同じ海洋哺乳類である沖縄のジュゴンを絶滅の危機にさらす辺野古新基地建設は推進した。

式典の2日前には動画を公開し、人気ドラマ「逃げるは恥だが役に立つ」のエンディングテーマに乗って踊る「恋ダンス」をサンタクロース姿で披露した。しかし、沖縄の願いはその耳に届かないようだった。

ケネディは式典のもう一方の主役、官房長官の菅義偉に「貸し」があった。ちょうど1年前、普天間飛行場などの一部、切れ端のような土地約7ヘクタールの返還に日米が合意した。

沖縄の基地面積から見るとわずか0・03％である。だが、時は普天間の地元宜野湾市長選という重要選挙の直前。菅は何か負担軽減をアピールする必要があった。ケネディはこれに協力し、菅と並んで記者会見にも出席した。今度は菅が「借り」を返す番である。ケネディ退任に間に合わせるようにヘリパッドの年内完成を指揮した。

焼け太る米軍

北部訓練場の半分以上に当たる約4千ヘクタールがこの日、ヘリパッド建設と引き換えに正式返還された。式典のハイライトは、返還地域を示す地図パネルの贈呈。ケネディと在日米軍司令官が、日本側の菅、地元村長ら4人にうやうやしく手渡していく。

菅はあいさつで「このたびの返還は復帰後最大規模」「県内の米軍施設の面積が2割減少する」と意義を強調した。

しかし、返還されたのは山奥の土地。前に見たように、占有していた米軍自身が

ケネディ（左）らから北部訓練場の返還地域を示す地図パネルを受け取る菅義偉＝2016年12月22日、名護市の万国津梁館

「使用不可能」と呼んだ。米軍は代わりに、新たなヘリパッド6カ所を手に入れた。

日米地位協定で米側が費用負担すると決まっている米軍基地の更新を、日本側の全面負担で進める。戦後71年もたった時点からさらに将来、長期にわたって沖縄を米軍に差し出す。それを「基地負担軽減」と名付け、沖縄に恩を押し付ける。日本政府は原則も正義も投げ出して米国に隷従する。焼け太るのは米軍ばかりである。

晴れの式典で、菅は「今後とも、沖縄の基地負担に全力で取り組む」と言い切ってしまった。「軽減」の2文字が抜けている。言い間違いだろうが、こちらの方が内実を示している。

内実は、政府にとって問題ではない。そもそも、ヘリパッドは「完成」すらしていなかった。式典に間に合わせて何とか米軍に引き渡したが、その後のり面が崩落するなど、突貫工事のつけが表面化した。年が明けても、補修工事が続いた。

政治ショー

式典はあくまで政治ショーとして必要とされた。

前日21日にも、首相安倍晋三がケネディを官邸に招き、返還合意を発表していた。さらに翌日、日米の要人がわざわざ大挙して名護市まで出向く理由は三つ。一つ目はケネディの花道を用意すること。二つ目は「反対しても政府はやる」と沖縄の鼻先に突き付けること。三つ目で最大の理由は、本土に向け「これだけ汗をかいている。沖縄は感謝すべきだ」という宣伝戦を仕掛けることだった。

会場の外には、抗議の市民約３００人が詰め掛けていた。高江を制圧していた機動隊が「転戦」し、守りを固めた。警察車両は確認できただけで50台以上。沖合には海上保安庁の巡視船が停泊し、にらみを利かせた。私たち報道陣の機材は金属探知機で検査された。

厳戒態勢で外界と隔絶された会議場。その中で、日米の高官が「ここにいる全ての人の協力がなければ成し遂げられなかった」「日本の人々にとって歴史的な日だ」などと賛辞を交換する茶番劇が繰り広げられた。

知事の翁長雄志はオスプレイ墜落を理由に式典中止を申し入れ、欠席した。過去に基地を受け入れ辞任した名護市の元市長比嘉鉄也、落選した前市長島袋吉和ら政府に近い人だけが招かれた。前知事の仲井真弘多も久しぶりに公の場に姿を見せ、「画期的なことでしょう。（北部訓練場の）あれだけの面積が返ってくるというのは。よく実現したもんだ」と話した。

式典終了後、記者団の取材に応じた菅は「苦労に苦労、努力に努力を重ねた」と対米交渉を振り返ってみせた。大切なのはテレビカメラの向こう側。圧倒的多数である本土の支持さえあれば、少数の沖縄を犠牲にし続けることができる。菅はそのことをよく知っている。

間近で向き合う菅は、沖縄にいながら沖縄に向けて語ってはいなかった。うつろな言葉が、私の耳から耳へと通り抜けていった。

農家の覚悟

式典開始の2時間前、午後2時ごろから、会場の外はバケツをひっくり返したような大雨になった。

儀保《ぎぼ》昇(62)は「ヘリパッドいらない住民の会」ののぼりを手に立ち尽くしていた。権力を総動員してヘリパッドを完成させ、ねじ伏せた住民をあざ笑うかのような式典に抗議に来た。

儀保は東村との境に近い大宜味村に1ヘクタールの畑を持つ有機農家である。高江で抗議行動に参加する時のように、この日も未明に起き、ライトの光を頼りに葉野菜を収穫し、出荷してから出かけた。

式典への抗議が終わると、今度は名護市の市街地にある屋内運動場へ。午後6時半から、オスプレイ墜落に抗議する集会があった。儀保は住民の会を代表して登壇すると、4200人の参加者を前にあいさつした。

「4千ヘクタールを返すんだから感謝しろと言わんばかりの政府の式典に、翁長知事が出席しなくて本当に良かった。あの土地はもともと、わったーウチナーンチュ(私たち沖縄の人間)のものです。あの土地を提供した覚えは全くありません。今すぐ全

座り込みを強制排除した後、拘束を続ける機動隊員に抗議する儀保昇＝2016年10月5日、国頭・東の村境

面返還、が私の気持ちです。基地がある限り、非暴力、不服従、そして直接行動によって闘い続けましょう」

儀保の農業は、あえて畑を耕さない。硬いままの土地で、作物は成長こそ遅いが味が濃くなるという。一語一語かみ締めるような、不思議な力がある儀保の語りはその作物と似ている。

政府がヘリパッド完成を宣言し、年が明けても、儀保は高江の現場に通い続ける。辺野古ゲート前の抗議行動にも加勢にいく。

いつでもどこでも、最前列に座り込むのが儀保の流儀である。機動隊員にごぼう抜きされ、「もったいない。あの力を、人を押さえ付けるためじゃなくて生産のために使ってほしい」と、農家らしい悔しがり方をする。

諦める気はない。「闘い方はいくらでもある。波はあっても、ウチナーンチュの先輩たちはずっと諦めずにやってきた」と言う。

知事のアキレス腱

抗議集会で、儀保に続いて登壇したのは知事の翁長雄志だった。

「米軍統治下、苛烈《かれつ》を極めた自治権獲得闘争を闘ってきた県民は、日米両政府が（辺野古）新基地建設を断念するまで闘い抜くと信じる」と、やはり歴史に触れたうえで、しまくとぅばでウチナーンチュの心に訴えた。

「ちむてぃーちなち（心を一つにして）、ちゃーしんまきてーないびらん（どうしても負けてはなりません）」

2日前の12月20日には、最高裁が「辺野古違法確認訴訟」で県の敗訴確定を言い渡していた。翁長が前知事の仲井真による埋め立て承認を取り消し、政府の工事を止めたことが違法だとされた。

政府が高江の工事を終わらせ、次は辺野古の工事再開に狙いを定めるなか、タイミングも内容も注文通りの判決。司法も一体となった政府の攻勢に対して、翁長は反撃に出る必要があった。同じ日にあった政府主催の式典への招待を蹴り、市民団体主催の抗議集会に出たのは、政府と県民に向けた意思表示だった。

翁長にとって辺野古阻止は「県政の柱」であり、ぶれは少ない。だが、高江へリパッド問題は違った。参院選翌日の早朝に政府が不意打ちで資材を搬入した16年7月11日は午後10時前から記者会見し、強い言葉で非難した。「まさしく用意周到、この日を待っていたという形が見え見え」「こういう形でやられると県民の怒りは大きい」

その後、発言はトーンダウンしていく。

10月、沖縄で菅義偉と会談した後、記者団に北部訓練場の返還を「歓迎する」と発言。引き換えのヘリパッドも容認したことになり、後日「適切ではなかった」と撤回に追い込まれた。

11月には「苦渋の選択の最たるものだ。4千ヘクタールが返ることに異議を唱えるのはなかなか難しい」と発言し、これも後になって「容認ではない」と釈明した。古くなった米軍基地の代わりに、県内に新基地を造る。高江と辺野古の本質は全く同じである。にもかかわらず、高江になると翁長の歯切れが悪くなるのは、保守の支持層に配慮し、政府との交渉の余地も最低限は残しておくという考えがあったようだ。発言した通り、広い面積の基地が返ってくることに反対できるのか、という論点もあった。

ただ、翁長はオスプレイ配備撤回を明確に掲げている。オスプレイが使うヘリパッドを認めるのは整合性がない。事実、14年の知事選に向けた政策発表では、報道陣の質問に答えて「オスプレイ撤去を求めるなかで、高江のヘリパッドは連動して反対していくことになる」と公約している。

政府は翁長のアキレス腱《けん》を突いた。ヘリパッド工事が進み、発言がぶれるたびに革新支持層に不信感が広がる。翁長の足元は掘り崩され、亀裂が広がっていった。

ヘリパッド自体は、特別な施設ではない。返還で小さくなった北部訓練場にも既存の15カ所がある。極東最大級の空軍嘉手納基地などと違って、6カ所を新設しなければ同盟が揺らぐような重要施設、という認識は政府にもないだろう。海兵隊の強襲上ましで、それを使う海兵隊自体の不要論が繰り返し言われている。

陸能力は、現代戦ではほぼ使う場面がない。専門家の見方は一致している。リストラを免れようと、海兵隊自身がＰＲしてきた任務は、有事の際の在外米国人の救出や災害救助。実は「日米安保」や「日本防衛」とはあまり関係がない部隊に変質している。

それでも政府は、海兵隊のためのヘリパッド建設を強行した。１００億円近い建設費をつぎ込み、希少生物の森を破壊し、本土の機動隊を大量動員して県民の猛反発を買った。財政、生態系、政治の面で大きな代償を払った。

引き換えに、何を手にしたか。

２０１５年の小規模な基地返還の借りを、菅がケネディに返した。日本が米国の期待と要求に精いっぱい応えた。翁長の政治基盤を弱めた。それくらいしか挙げられない。

あまりにも、収支が合わない。あまりにも、不条理である。

強いられた選択

子どもたちの新学期を控えた17年3月末、安次嶺雪音（46）は引っ越し作業に追われていた。時折、手が止まる。「なんで私たちが出て行かなきゃいけないのか」。その迷いを、オスプレイの騒音がかき消す。「駄目だ。やっぱり暮らせない」

自然の中の静かな暮らしは、ヘリパッド建設計画に奪われた。先に完成したN4地区の2カ所は家からわずか400メートルほどの距離。さらに周辺4カ所の使用開始が現実に迫った。抗議の声を上げ続けたが力尽きた。高江から隣村に出て行かざるを得なくなった。

「こうなるのが嫌だからやめてくださいってお願いしてきたのに」

やるせなさが募る。

政府が16年末に完成を宣言し、即座に辺野古新基地建設を再開すると、抗議行動も報道も辺野古にシフトしていた。「高江はもう終わった話みたいになっている。地元の私たちにとってはこれからが大変なのに」とこぼし、為政者たちに怒りをぶつけた。「私たちはヘリパッドに住む場所を奪われた。容認した国、県、東村の誰が責任を取ってくれるんですか。大丈夫ですか、の一言すらない。完全に見殺しでしょう」

ちょうど佐賀県では、九州電力玄海原発3、4号機の再稼働に同意する手続きが大詰めを迎えていた。

「高江では特に浮き彫りになったけど、日本全国同じなんじゃないか。結局、犠牲になるのは住民。容認する人は責任を取らない。取るつもりがない。取れるわけもない。基地でも原発でも、これからは容認した人の責任を明確に書面で残していく必要があると思う」

N1表で伊佐育子（左）と座り込む安次嶺雪音。機動隊員に強制排除され、「じゃあ誰が住民を守ってくれるのか」と泣いた＝2017年7月3日、国頭・東の村境

安次嶺は「痛めつけられて、そのことがよく分かった」と語った。

ヘリパッドの完成を受け、安次嶺家のほかにもう１家族が引っ越しを選んだ。人口１４０人とただでさえ過疎化が進む高江の集落から、一気に12人が消えた。区長の仲嶺

新設されたヘリパッドの利用がついに始まった。N1地区を相次いで離陸するオスプレイ＝2017年7月17日、北部訓練場内（提供）

久美子（66）は「うるさくて住めないと言う人に、住んでくださいとは言えないから」と苦渋に満ちた表情を浮かべる。

高江住民の誰にとっても、非日常が日常化した異常な半年間だった。1本しかない幹線道路が、機動隊と抗議行動によって通行止めにされる。粉塵《ふんじん》を巻き上げてダンプの車列が行進する。

特に区長の仲嶺には、政府から報道陣、一般住民まで、全ての関係者から苦情、要望、情報が集中した。「生きた心地がしなかった」という。

食事がのどを通らない。夜もなかなか寝付けず、2～3時間しか眠れなかった。うつ病のチェックリストを試すと、全部の項目に当てはまった。私が落ち着いて話を聞いたのは17年3月だったが、まだ「抜け殻のよう」「放心状態」と言った。今までそんなことはなかったのに、会合などの予定を忘れることが続いた。

特に心労が多かったのは、防衛省の交付金を受け取るかどうかの板挟みだった。16年8月、自民党沖縄県連、東村、高江区が懇談する席で、村長の伊集盛久（75）が突然交付金を要求した。あっという間に首相官邸まで要望が上がり、2千万円の交付が決まった。

仲嶺も高江区も、ヘリパッド建設にはずっと反対してきた。仲嶺は東京の集会に反対を訴えに行ったこともあったし、区としては2度の反対決議をしている。集落を取り巻くヘリパッドを積極的に誘致する区民などいない、と自信を持って言える。

一方で、村長が独断で交付金を持ち出してからは、現実にヘリパッド工事が進むなら少しでも補償を得るべきだ、と言う区民も出てきた。区内で議論して、反対姿勢を維持したまま迷惑料として受け取ることを決めた。

「都会だったら意見が違う人を切り捨てていけるかもしれないけど、高江は小さな運命共同体で、これからもみんな一緒。いがみ合って生きていきたくない。お互いの気

N1地区ではヘリパッド2カ所が隣り合って造られた。伐採がほぼ終わった時点の小型無人機による撮影＝2016年9月17日、国頭村安波（ジャーナリスト・桐島瞬氏提供）

持ちをくみ取りながらやっていかないと」と仲嶺は説明する。

交付金の話が報道されると、公民館には区外に住む抗議行動の参加者数人から電話がかかってきた。「高江を守るために運動しているのに、こんな金を受け取るのか」。仲嶺は憤然と反論した。「私たちは20年間反対してきた。誰が好んで基地を受け入れますか。あなたは何様ですか」。一人は「すみませんでした」と謝ったという。

県外に研修に行った時には、「沖縄は基地があるから優遇されている」という話を聞かされ、やりきれない思いを抱え込んだ。

「県外の人が反対するから基地が沖縄に来る。もしお金がほしいなら、基地を誘致してほしい。基地が来なくて済むなら、区民の誰もこんなお金はいらない」

交付が決まった2千万円は1年分ではなく、8年分である。東村を通じて交付され、年に２５０万円。「特定防衛施設周辺整備調整交付金」という既存のメニューで、全国で基地がある市町村が受け取っている。何か特別扱いをされているわけでもない。

仲嶺は政府主催のヘリパッド完成式典にも出席した。知事が欠席を決め、区民から仲嶺も欠席すべきだという声があったが、官房長官の菅義偉に直談判するチャンスだと説き伏せた。いくら反対しても、声が届かなければ意味がないと考えた。

式典前、東、国頭の両村長とともに菅に会う場が用意されていた。ところがこの日、新潟県糸魚川市で発生した大火の対応などで菅の到着が遅れ、30分の予定が10分になってしまった。

辛うじて伝えたのは「高江の思いを伝える機会をつくってくださいませんか」。その後すぐに連絡があり、年明けの1月18日、首相官邸であらためて同じ顔ぶれの面談がセットされた。集落上空や夜間の飛行禁止を訴え、菅から「いつでも連絡をください」という答えを引き出した。

菅は自分の携帯電話の番号を仲嶺に伝えた。「国の中枢にいる人にいつ電話すればいいのか」と遠慮していると、一度菅の方からかかってきた。「どうですかヘリの騒音は」。これには心底驚いた。

政府に地元の区長を取り込む狙いがあることは承知している。「でも、つながりを持っておかなければ、いざという時に高江の声が伝わらない」と、仲嶺は信じている。誰がその行動を批判できるだろうか。

反対の意思は何度も伝えた。地元の反対決議、市民の懸命な抗議行動を蹴散らして、政府はヘリパッド建設を強行した。沖縄の山奥から発信されたSOSは、ほとんどの本土の人々に届かないまま風の中に消えた。

それならば、自分の命は自分で守るしかない。安次嶺は引っ越しを選んだ。仲嶺は政府とつながることを選んだ。どちらも、政府に強いられた末の選択だった。

第6章 捏造と憎悪

百田講演会

台風が迫っていた。名護市の体育館には時折、強い雨と風が打ちつけた。

2017年10月27日、作家百田尚樹の講演会会場。受付に名刺を渡すと、最前列中央の席に案内された。開会30分前からほぼ席が埋まった会場で、その1席がぽつんと空いていた。嫌な予感が頭をかすめた。

百田は15年、東京の自民党本部で沖縄に関するデマに満ちた講演をしていた。その百田が私が担当する名護に来る。とにかく行ってみることにした。

当日取材を申し込んで拒否される可能性を考え、事前に主催者の留守番電話とメールに取材を申し込んでいた。返事はないままだった。

講演開始から1分半、百田が聴衆に告げた。「きょうは沖縄タイムスの記者が来ています。あべたかしさん、ね」。私の名前「岳」の読み方は変わっていて、「たかし」と読んでくれる人はあまりいない。百田が受付から回された名刺のふりがなをきちんと見て臨んでいることが分かった。そこから、事態は予想をはるかに超えて転がり出していった。

名指し22回

「またあした思い切り悪口書いてくださいね」「阿部さんはもう、悪魔に魂を売った記者だ」。講演の間、百田は私を名指しし、嘲笑を続けた。後で録音を聞いて数えたら、２時間20分で22回に上った。

問い掛けられても、マイクを持たない私はうなずいたり首を振ったり、ジェスチャーで意思を示すことしかできない。マイクという権力を握った百田は思うままに、一方的にしゃべった。

内容はデマに次ぐデマ。講演当日、高江の抗議行動の現場を訪ねた時のエピソードを紹介した。同行した主催者の女性も百田が１人２役で演じる寸劇風である。

百田「次はどこいくの？」

主催者「百田さん、次は高江のテント村行きませんか？」

百田「えっ？　高江のテント村？　怖いやん、なんかもう、悪い人いっぱいおるん

講演で沖縄タイムスを手に批判を繰り広げる百田尚樹＝2017年10月27日、名護市の数久田体育館

やろ？」

主催者「悪い人と言ったらあきません。市民ということですから」

百田「市民？　沖縄県民どれくらいおんの？」

主催者「半分くらいです」

百田「じゃあ、あとの半分は？」

主催者「中国からも韓国からも来ていますよ」

百田「嫌やなー、怖いなー。どつかれたらどうすんの？」

主催者「大丈夫、私が先生を守ります」

百田「それやったら行く（笑）」

実話か、作家としての創作か。どちらに

しても、中国人や韓国人が暴力的だと決めつけるヘイト言説であることに変わりはない。DHCテレビジョン制作の番組「ニュース女子」が「韓国人はいるわ中国人はいるわ」と言ったのと同根の思考である。

事実の問題として、私は高江で中国大陸の人に会ったことがない。中国人が日本で通用する国際運転免許証を取ろうとしても、日中で加入条約が違うためハードルが高い。公共交通網が貧弱な沖縄で、レンタカーを使わずに山奥の高江まで行くのは難しい。

韓国人には会った。米軍基地建設に抗議する済州島《チェジュ》の人々が経験を共有するために訪れることが多かった。もちろん外国人は韓国人だけでなく、北米や北欧を含め、世界各地の人々が関心を持ち寄った。現場にいない中国人と全体の一部である韓国人だけを問題視する動機が、差別以外にあるだろうか。

一連の百田の発言を報じることにした。批判的にならざるを得ない。公平を期すため、本人の言い分を聞く必要がある。きっと主催者や取り巻きのネトウヨに囲まれるだろう。それでも、新聞記者として手順は踏まなければならない。終演後すぐ、舞台袖に向かった。

変遷する主張

改めて名刺を差し出すと、百田は自分の名刺は「切らしていて」と言って出さなかった。単刀直入に聞く。「私が問題だと思った点を聞きたい。中国、韓国から来ている人がいて嫌やなー、怖いなーと言われました。国籍による差別、ヘイトではありませんか」

最初、百田は否定を試みた。「怖いなーとは言うてない」「中国、韓国とは言っていない」。仕方がないので録音を聞いてもらうことにした。

見回すと周りには10人以上が集まっていた。DHCテレビジョンのカメラが回り、タブレットでネット中継を始める人もいる。「報道テロリスト」「ふざけるな」と罵声が飛んでくる。

聞いてもらうための音源をパソコンで準備する間、もう一つ記事にしようと考えた発言について百田に聞いた。「（高江の抗議行動の）中核は、はっきり言います。中国の工作員です。なかなか証拠は見えませんが、中国からカネが流れている。なぜか。日本と米軍を分断したい」と断言していた点だ。

「確証はあるんですか」

「ないよ」

平然としている。「それを調べろと僕は言っている。そうとしか思えないというニュアンス」。入場料千円を取る百田の講演の裏付けを、なぜ私が取らなければいけないのだろう。何より、本人があまりにもあっさりデマだと認めたことに、脱力感を覚えた。

音源の準備ができた。「嫌やなー、怖いなー」発言をその耳で聞いた百田は「嫌やなー、怖いなー、は中国、韓国に対してではない。悪い人がいっぱいいるんやろ、と。いろんな所から集まってきていることに対して怖いと言った」と主張を変えた。そして、「差別意識はない。それでもヘイトとか差別と書くのか。あなた自身はどう思うのか」と聞いた。

逃げるわけにはいかない。「私も東京の人間ですが、多数の側にいる人間というのは差別をしていることに気付かず、知らずに差別していることもある」「本人がそう（差別）じゃない、と言ったらそうじゃなくなるかというと……」

百田がさえぎって同じ問いを繰り返す。私の答えも変わらない。いら立った百田は

講演終了後、自身の発言の録音を確認する百田尚樹＝2017年10月27日、名護市の数久田体育館

「あなた自身に中国、韓国は差別されるものだという強烈な差別意識がある」と言った。私は「自分に常に問わなきゃいけないと思います。その通りです」と返した。

東京出身の日本人であり、男であり、異性愛者である私は、日本の中ではたいていの場合、権力の側にいる。加害者は加害者性に気付かない。そして歴史的に日本は、中国や朝鮮半島の人々を差別した過去を持つ。絶えず自身に問い直す責任があると思っている。

話は平行線である。百田は憤然と歩き去った。主催者から贈られた記念品の琉球ガラスを忘れている。「忘れてますよ、琉球ガラス」と声を掛けると、「いらん！」と言い捨てた。「阿部さんからだと思ったんじゃない？」。主催者も思わず苦笑いしていた。

当事者になること

百田と向き合っているさなか、自分もスマートフォンで動画を撮った方がいいことに気付いた。お互いに動画を持っている状態なら、事実をねじ曲げる編集はできないだろう。

それから、なるべく聞き役に徹しようと努めた。余計なことを話して、攻撃材料を与えたくない。取材は文字通り記事の材料集め。記者が見解を示すのは紙面でいい。現場で会社としての説明を求められたら、「私は沖縄タイムスを代表して取材に来ましたが、社としての見解はお客様相談センターにお問い合わせください」と答えるべきだ、と。

実は、ここは間違っていた、と今は思っている。

「客観報道」という呪文が解けていなかった。日本の記者は記事を書く時には自分の考え、気配を消すものだと刷り込まれている。当事者になってはいけない。なりたくもない。地味な裏方の仕事だ。本当は、内緒話をこそこそと聞いていたい。だが、スマートフォンが普及した今は、何事もすぐに生中継できる。取材過程も簡単に可視化される。普通に取材していたとしても、当事者にさせられることがある。当事者になることを恐れていては、普通の取材自体がどんどんできなくなっていく。何より、目の前にヘイトやデマを垂れ流す者がいるということは、傷つく人が確実にいることを意味している。それなのに、中立や客観という看板の裏に隠れたままでいいのか。

意図を尋ね、言質《げんち》を引き出すだけでなく、反論すべきではないか。取材モードと執筆モードを都合よく切り替えていて、ヘイトやデマを根絶できるか。

こう考えるに至ったのは、神奈川新聞記者の石橋学（48）の影響が大きい。集団的自衛権の行使容認への危機感を出発点に、「時代の正体」という長期シリーズを始めた。寄せられた批判に「偏っていますが、何か」と応えた記事は、反響を呼んだ。

「私とあなたは別人で、考えやスタンスが同じでない以上、私が書いた記事が偏って感じられても何ら不思議ではない。つまり、すべての記事は誰かにとって偏っているということになる」

こう書いた石橋は初めて会った時、「今までプロとしてどう記事を届かせるか、工夫をサボっていたから」と言った。「こういうひどいことがありました、と傍観者的に書いて、仕事をしたつもりになって、毎日やり過ごしてきた。でもそんな記事は、新たな傍観者しか生まなかった」

私自身のことだ、と思った。

記事が新聞に載る。読者に読んでもらえる。そのうちたとえ1人でも、人の気持ちを動かせれば、それはすごいことだ。たとえさざ波だとしても、少しずつ共感が広がってくれれば、と考えてきた。この考えが全面的に間違いだったとは思わないが、結果として世の中も、沖縄への基地集中も、変わっていないことは事実だ。結果に対する本気度が足りなかった。

石橋は在日コリアンが多く住む川崎市の桜本地区で、ヘイトスピーチと対峙してきた。差別を娯楽とし、商売とする者たちによって尊厳を奪われ、沈黙を強いられる人々の声に耳を傾けた。この目前の差別をなくすことを仕事として自らに課した。「地域の一人一人を守るのが地方紙の仕事。川崎でヘイトデモを根絶やしにすること、結果を出すことは身の丈にあったことだし、できるはずだ。私は差別をなくすというゴールに向かって書く」と話してくれた。

ヘイトデモ当日の新聞にはこう書いた。「私は抗議のカウンターに一人でも多くの人が参加するよう呼びかける。少数者の尊厳を踏みにじるヘイトスピーチを言下に否定、非難し、正義とは何かを示すために、である」

「私」を名乗り、自分の責任において市民に行動を促した。それは自身も高みの見物席から下り、当事者として差別をなくす責任を引き受ける意思表示である。

世の中を変える。本気で目標を見定めて書く。その覚悟を、石橋から学んだ。

「慰み者」発言

話は百田の講演に戻る。当日の記事では触れなかったが、こんな発言があった。

「中国が琉球を乗っ取ったら、阿部さんの娘さんは中国人の慰み者になります。それを考えて記事を書いてください」

中国人への差別意識があふれた発言ではあるが、私や家族への中傷の色の方が濃い。それに百田の発言は当てずっぽうで、私に娘はいないから、直接心には響かなかった。限られた紙幅の中で、個人攻撃の部分を優先して書くべきだとは思わなかった。

それで、後日1面コラムの順番が回ってきた時に百田の発言に触れ、こう批判した。「逆らう連中は痛い目に遭えばいい。ただし自分は高みの見物、手を汚すのは他者、という態度。あえて尊厳を傷つける言葉を探す人間性。そして沖縄を簡単に切り捨てる思考」

予期しない反響が起きた。まず原稿を最初に読んだデスクが百田の発言内容に怒り、「なぜこんな大事なことをもっと早く書かなかったのか」と詰問された。掲載されると、知人からも激励の電話やメールが殺到した。見知らぬ読者が、「不屈のペンに感謝」と文字を飾り付けた直径30センチほどの大きなパンを焼いて送ってくれた。

沖縄県内のマスコミ関係労組はそろって共同声明を出した。「侮蔑的な言葉で記者と家族の人権を著しく侵害した」「沖縄マスコミを敵視する百田氏の発言は、いつ他社に矛先が向いてもおかしくない」

事態が大きくなってから気付いた。百田の矛先は沖縄のメディア関係者なら誰でも良かった。たまたま会場にいたのが私1人だっただけで、これは沖縄のメディア全体に向けられた攻撃だった。

高校生の迷い

名護市での講演の翌日、宜野湾市でも予定されていた百田の講演会は台風接近で中止になってしまった。仕切り直しは18年4月22日。行きがかり上、この時も取材に出掛けると、さすがに席は最前列中央ではなかった。その代わりというか、開演前の「アトラクション」としてステージの大スクリーンに名護会場で私が百田に取材する動画が映し出されていた。

講演でも相変わらず、私の名前を出しては笑いを取ろうと試みる。「気持ち悪い男」「うそつき新聞」。話の受けが悪いとそれも「阿部さんのせい」にする始末である。「基地周辺に行けば商売のチャンスがあると（住民が）集まった」というデマも繰り返す。普天間飛行場の地元宜野湾市で。

やはりきちんと反論しなければならない。終演後にスタッフを通じて取材を申し込んだ。百田は今度は受けなかった。後からツイッターで「あんな気持ち悪い男とは口を聞《ママ》きたくない」などと釈明した。以前は「沖縄の新聞は生放送でじっくり対談しようと言っているのになしのつぶてだ」などと公開討論を呼び掛けていたが、それも言わなくなった。『逃げる力』というタイトルの本を書いただけのことはある。

宜野湾の講演会では、うれしいこともあった。百田に取材を申し込んでロビーで待っていると、地元の男子高校生が声を掛けてくれた。「完全アウェーなのに、すごい勇気ですね」。その完全アウェーな人間に話し掛ける勇気もすごい。無料券をもらって来たという高校生は百田と私のどちらを信じたらいいのか、迷っている様子だった。百田の言説に異論があることを知ってもらっただけで十分。両方を比べて、判断してもらえたらうれしい。

産経の虚報

「産経の顔」を名乗るその男は突然、携帯電話越しに罵声を浴びせてきた。「あんたの都合、そんな小さいこと知らないよ」「つぶすからな。本当にヘビみたいな男だな」

産経新聞那覇支局長の高木桂一。約束していた電話が、終日待った末、午後10時前にやっとかかってきた。ろれつが回らず、内容も支離滅裂。「酔っぱらっていませんか」と聞くと、「お前らそれが差別だ。そうやって決めつけて何でも書いてるんだ」

とまた激高する。26分間罵られ、電話を一方的に切られた。

高木は名護の百田講演会を取材した私を取り上げ、ウェブの「産経ニュース」に記事を書いていた。掲載は2017年11月7日、タイトルは「『差別発言だ』と沖タイ記者が詰め寄り、場外戦に…百田尚樹氏の沖縄講演傍聴記」だった。

「取材する記者には『特権』があると思っているのか。沖縄タイムスの阿部岳記者（北部報道部長）が、立ち見を余儀なくされている人たちを横目に、最前列の席に陣取っていた」「百田氏に仕掛けた〝場外バトル〟は延々40分超に及んだ」

前述の通り、最前列の席は主催者側が用意していた。その場にいて、主催者に聞けば分かったはずだ。40分超の「バトル」も、私が望んだことではない。舞台袖で取材を始めた時点から、大半の時間は百田が「差別ではない」と繰り返し、私に同意を求めることに費やされた。その後、DHC番組用の「画」が足りなかったのか、カメラが待ち構える楽屋に私を呼び、百田が同じ問答を繰り返したため、さらに長くなった。

この夜は台風接近のため新聞の締め切り時間が前倒しになっており、むしろ原稿を書くために早く会社に戻りたかった。

この時の記憶や動画をたどるのだが、高木の姿はない。高木が自身にとって完全ホームである現場に本当にいたのなら、なぜ私に直接批判や疑問をぶつけなかったのだろう。

高木の記事は「あれが『新聞記者』だというのか」という一文で始まっていた。記者は他人を批判することが多い職業だから、批判されることも進んで受け入れる。ただ、少なくとも私は記者として公平を確保するため、百田の言い分を聞きに行った。

高木はどうなのか。直接話を聞こうと電話を入れた。すると高木も「月刊誌の原稿用にあなたの見解を聞きたいと思っていた」と（いまさらながら）言う。それでは、と私が上司への報告を済ませ、電話を待っていた日に浴びせられたのが冒頭の罵詈雑言だった。私が言ったのは「直接会いましょう」、それだけだった。

後日、別の取材現場で初めて対面した時の印象は百八十度違った。私からお願いして辛うじて名刺交換はしてくれたものの、高木は目を合わせることもしない寡黙な人物だった。

作られた美談

高木は「沖縄2紙が報じないニュース」というシリーズ記事をウェブに書いていた。

私に関する記事もその一環だった。

17年12月9日、次の記事が出た。タイトルは「危険顧みず日本人救出し意識不明の米海兵隊員　元米軍属判決の陰で勇敢な行動スルー」

12月1日未明、沖縄本島中部の高速道路で車6台がからむ多重事故が発生した。当事者の一人である米軍の男性曹長が日本人の運転手を車から救助した後、後続車にはねられ意識不明の重体になった。「ところが『米軍＝悪』なる思想に凝り固まる沖縄メディアは冷淡を決め込み、その真実に触れようとはしない」というストーリーだった。

事故があったのは、ちょうど元米兵による女性暴行殺害事件の一審判決が出る日だった。高木は2紙がこれを大々的に報道する一方、曹長の「善行」「美談」に触れないのは「米軍差別ではないか」と糾弾。結論部分ではこう書いた。「『報道しない自由』を盾にこれからも無視を続けるようなら、メディア、報道機関を名乗る資格はない。日本人として恥だ」

事実を一つ対置する。この時点で、曹長が日本人男性を救助する行為は現場にいた誰も確認していなかった（後にこの日本人男性は、横転した車のドアを別の日本人が開けてくれて、そこから自力で脱出したと証言した）。

高木も、県警に電話を一本入れてさえいれば事実を知ることができた。事件事故は警察、火事は消防に聞く。新聞記者なら入社してすぐに習う基本動作である。まして、高木は「県警によると……」と書いた沖縄タイムス記事を全文引用した上で批判していたのだ。

警察担当の同僚は、高木が県警に一切取材していないことを早い段階で知っていた。ネットで拡散し、高木の記事の核となった救助の「美談」自体の裏付けが取れないことも。実は、北部報道部所属で取材エリア的に全く関係ない私も興味を持ち、同僚たちに「今からもう一度取材してみて、救助の事実が確認できたらそう書こう。違うなら違うと記事にしよう」と持ち掛けた。ところがその後、「やっぱり無理だ」と自らブレーキを踏んでしまった。

曹長の病状は当初深刻で、米本国に搬送され集中治療室にいた。家族を経済的に援助するため、ネット上で募金活動も始まっていた。はねられて行動に至らなかったとしても、曹長は救助するつもりだったかもしれない。あえて「曹長が救助した確証はない」と報じることで、本人や家族を傷つけることを恐れた。

ただ、選んだ沈黙の代償は大きかった。高木の激越な2紙批判は各ポータルサイトに転載され、爆発的に拡散された。紙の産経新聞にもややマイルドな表現に直して掲載された。タイムスには抗議の電話やメールが相次いだ。

私自身も、取材した若い女性に直接「米軍が良いことをした時には何で書かないんですか」と聞かれたことがある。純粋に不思議に思ったようだ。説明したい。だが、曹長や家族のために沈黙すると決めている。女性の中で新聞への信頼が薄れていくのが手に取るように分かったが、なすすべもなかった。

全面謝罪

ライバル紙の琉球新報の記者たちも同じ批判にさらされ、同じ悔しさを抱えていた。その彼ら彼女らが流れを変えた。当初、救助を事実としてツイッターで伝えていた米軍に何度も取材し、「(曹長は)他の運転手たちの状態を確認したが、救助活動はしていない」という回答を引き出した。年明けの18年1月30日、「『米兵が救助』米軍否定」という見出しで、産経報道に正面から疑問をぶつけた。

警察担当キャップの沖田有吾(35)は署名記事にこう書いた。「産経新聞の報道が純粋に曹長をたたえるだけの記事なら、事実誤認があっても曹長個人の名誉に配慮して私たちが記事内容をただすことはなかったかもしれないが、沖縄メディア全体を批判する情報の拡散をこのまま放置すれば読者の信頼を失いかねない」「産経新聞は、自らの胸に手を当てて『報道機関を名乗る資格があるか』を問うてほしい」

担当分野で他社にスクープを書かれた、いわゆる「抜かれた」ことはいくらでもある。でも、この時ほど悔しかったことはない。同時にこの時ほど心から敬意を覚えたこともない。朝、自宅アパートで新報を広げ、ただうなった。

後になって聞くと、沖田は「今までで一番緊張した記事だった」と明かした。「発生ものではないし、サイド記事でもない。まず書き方が分からない。出した後もどういうハレーションが起きるか、しばらく生きた心地がしなかった」と振り返った。

男性曹長や家族、産経の記事に登場した回復を祈る人々に矛先が向かないように願っていた。「回復を願う気持ちは当然で、尊いもの。産経がメディアとして取材の手順を踏まず、一線を越えたことへの批判と切り分けることに苦心した」と語った。

新報には読者から評価の声が相次いだ。ただ、沖田の心は晴れなかった。知人の警察官から「遅い。年内（17年中）には記事を出して拡散を止めるべきだった」と指摘されたことが心に残った。反論記事が遅くなった原因は、米軍がなかなか正面から回答しなかったことが大きい。ただその間、多くの人の心に産経の虚報が刷り込まれてしまったこともまた、事実だった。

一方、タイムス社内で肩身の狭い思いをしたのは沖田のライバルに当たる警察担当の同僚たちだった。私も少しだけ協力して、追い掛ける記事を出した。本当に申し訳ないことをした。毎日新聞、朝日新聞も続いた。この時点で、産経の広報部は「継続して取材を進めており、必要と判断した場合は記事化します」と述べるのみだった。

「産経が1面でタイムス新報に詫びました」

東京の同僚から携帯電話に一斉連絡のメールが届いたのは2月8日の午前中だった。産経はこの日の朝刊に「おわびと削除」の社告を掲載した。取材が不十分だったとして記事を削除。「琉球新報、沖縄タイムスの報道姿勢に対する批判に行き過ぎた表現がありました。両社と読者の皆さまにおわびします」と書いた。3面では検証記事にスペースを割き、「『(曹長の日本人救助が)ネット上で称賛されている』との情報を入手」したことが記事の端緒で、県警に取材していなかったと認めた。

全面的な謝罪だった。2紙の編集局長は「率直にわびた姿勢には敬意を表する」などと応じた。その後、高木は更迭され、編集局長らも減給となった。だが、2紙が失った信頼、受けたダメージはあまりに大きかった。

情報ロンダリング

産経はこれまでも、国策に歯向かう沖縄県民を激しく批判してきた。沖縄県知事という権力の座にある翁長雄志はともかく、自衛隊基地建設に反対する宮古島市議、反対運動の現場にいるラッパーまで、実名を挙げてターゲットにしてきた。ネット発の情報を事実確認もそこそこに記事化し、ネット上のコメントを引用して仕上げる。ほとんどがウェブ限定記事で、たまに紙面に載ることもあるが、大抵はウェブ版の方が言葉が激しい。激しい言葉は人を引きつける。報道機関の産経が提供する記事としてポータルサイトに転載され、さらに拡散する。閲覧数と広告収入を稼ぐビジネスモデルになっている。

産経の広報部に質問した。ウェブ版は紙面より表現や事実確認のチェックが緩いのではないか。具体的な記事を挙げ、事実関係の誤りも指摘したが、答えは「編集に関することにはお答えしておりません」だけだった。

「情報ロンダリング」という言葉がある。犯罪資金を洗浄するマネーロンダリングのように、ネット上のデマが「報道機関」というフィルターを通り抜けることで、あたかも事実のようにきれいに生まれ変わってしまう。

デマ（デマゴギー）はただ不確かな情報というだけでなく、悪意を込めた攻撃である。少数派に浴びせかけることで正当性を揺るがし、声を封じることができる。ネット発のデマ→産経が報道→ポータルサイトが配信→ネットでさらに拡散、という拡大再生産のサイクルを断ち切らなければ、社会はずたずたになってしまう。

沖縄2紙と産経とは、基地問題をはじめいろいろなテーマで社論が違う。多様な意見があることは自然で、むしろ歓迎すべきことだ。唯一の前提は、事実に基づいて議論すること。報道機関はその事実を追うプロフェッショナルの集団である。

産経に、尊敬すべき記者がいることを知っている。本当は一緒に、デマから社会の基盤を守る責任を果たしていきたい。

第7章

炎上と無力

米軍ヘリ焼失

収穫間際の牧草が天に向かって伸びる。その真ん中に、米軍のCH53E大型輸送ヘリが不時着した。2017年10月11日午後5時20分ごろ、東村高江。

西銘晃（64）は自宅から離れた別の牧草地で作業を切り上げたところだった。自宅の方角に立ち上る黒煙。愛用の軽トラックで駆け付けると自宅から一番近い牧草地にヘリが横たわり、前半分からめらめらと炎が上がっていた。

この日は朝からここで収穫作業をするはずだった。たまたま別の牧草地の手入れに手間取り、1日延期していた。予定通りなら、このヘリの真下にいたかもしれない。

松の木の下に乗員が7人いる。それぞれリュックを持ち、避難していた。米国留学経験がある西銘が英語で尋ねると、そのうちの1人が「緊急着陸した。爆発の危険があるから近づかないで。他の道はないのか」と言う。通行人だと勘違いしたらしい。

西銘は自分が地主だと伝えた。

米兵は西銘をよそに、さらに遠くまで逃げた。米軍ヘリ2機が救援に来ると、今度

不時着し、機体の前半分から炎を上げるCH53Eヘリ＝2017年10月11日、東村高江（西銘晃氏提供）

は西銘に声もかけないまま目の前を通り過ぎ、ヘリに乗り込み、嘉手納基地まで避難してしまった。別のヘリが３回、機体につるしたバケツで上空から海水をまいたが、焼け石に水だった。

事故当時、一番近くにいたのは父の清（89）だった。現場からわずか１００メートル余りの豚舎でブタにえさをやっていた。ヘリの飛行音がしたと思ったら静かになり、黒煙と臭いに気付いた。慌てて自宅に戻った。庭先にある給水タンクに上ると、現場が見渡せた。

炎が見え、爆発音も聞こえる。清は「乗っていた兵隊は大丈夫かね」と繰り返す。米兵が住人を置いてわれ先に逃げ出したことなど、知る由もなかった。

現場には、燃えさかる機体と西銘が残された。

炎の激しさと対照的に、音はあまりしない。嵐の前の、不思議な静けさだった。ようやく地元の消防団員や消防隊員が駆け付け、消火活動を始めると、西銘も近くで見守った。鎮火まで1時間45分。火が収まったころ、陸路でやって来た米兵が警察官に告げた。「早急に立ち去れ。放射性物質を積んでいる」

CH53Eのローター付近には、ストロンチウム90がある。ローターにひびが入ると放射線を放出し、それを感知してコックピットの警告灯が点灯する仕組み。容器に入ったそのストロンチウムは炎で完全に焼失し、行方が分からなくなってしまった。2004年、沖縄国際大学（宜野湾市）に同系のCH53Dが墜落した時も同じことが起きた。

西銘も消防も、もちろん防護服など着ていない。「煙をたっぷり吸った。いまさら何を」。温厚な西銘も、この時ばかりは頭に血が上った。特に若い消防隊員、団員の体を心配した。後に検査を受け、誰も異常がなかったことが救いだった。

屋根の上から

私が着いた午後7時すぎ、現場はすでに米軍と警察によって完全に封鎖されていた。

すぐそばに機体があったオスプレイ墜落の時とは違って、300メートルほど離れた位置で取材が始まった。

それでも翌日明るくなれば、少なくとも機体が見える所までは入れるだろうと考えた。オスプレイの時は出遅れたメディアもそうできた。しかし翌日午後になっても、規制は一向に緩まない。規制線の手前からは木々や起伏が邪魔になって、機体の様子が全く分からない。

なぜ入れないのか。一つ考えられるのは、よりによって衆院選が公示された翌日という事故のタイミングだった。政権が、無残に焼け落ちた機体の「画」が広がることを嫌った可能性がある。現場の警察官は「危険ですから」と説明したが、知事の翁長雄志や選挙応援で来県中だった自民党政調会長の岸田文雄は規制線を超え、現場近くまで案内された。本当に危険なら、要人を近づけることはできない。

地主の西銘も、規制線の向こうに行くのは大変だった。現場近くには水やたい肥をまくホースを置いている。米軍車両に踏みつぶされたら使い物にならない。立ち入り許可を求めると、自分の土地なのに2時間も待たされた。

西銘家の庭先にある給水タンクの上には、メディアがひしめいていた。高さ1・5

メートル、広さ5畳ほどのこの場所からでないと、約300メートル離れた現場の撮影ができない。押し合いへし合いを見かねた西銘が、自宅の壁にはしごを立てかけて屋根に上らせてくれた。この高さなら事故機がよく見える。雨でも風でも、屋根の上に張り付く日々が始まった。

私たちは仕事で、交代もできるから、それでもまだいい。西銘家は、日常生活の頭上に朝から晩まで常に10社ほどのメディアがいる。事故の心労と重なり、さぞ落ち着かなかっただろう。庭に中継車を乗り入れて、芝生をぐちゃぐちゃにするようなテレビ局もあった。

不都合があれば各社で申し合わせて改めるのですぐ教えてください、と頭を下げる私に、西銘の妻、美恵子（63）は「芝生はまた生えてくるから別に」と笑った。

「現場はここからしか見えない。皆さんが見てくれなければ闇に葬られる。真実を報道してほしい」「今回、記者の苦労を間近で見て手に取るように分かった。これからは新聞も読み飛ばさないでしっかり読む」「だけど、屋根から落ちないでよ」。メディアを信頼して、思いを託してくれることがうれしかった。

事件現場では、取材が長期化するにつれてメディア側の非から被害者や住民とあつ

西銘家の屋根から現場を撮影するメディア＝2017年10月16日、東村高江

日ごろ寡黙な西銘晃と快活な美恵子夫妻＝東村高江の自宅

れきが生まれ、「もう取材に応じない」ということがよくある。機体撤去には9日かかったが、この穏やかな夫妻は辛抱強く取材に付き合ってくれた。美恵子は「この人数分、おにぎりを握るわけにもいかないしね」「みんないなくなったら、さみしくならないかね」とつぶやいていた。

証拠隠滅

放射性物質が燃えたという事実は、住民に不安を振りまいた。現場から2キロ弱の高江小学校では、7人しかいない全校生徒のうち3人が、被ばくの心配から一時休んだ。学校も念のため、体育の授業を屋内に移した。

ＰＴＡ会長の森岡尚子（45）は自身の子どもは休ませなかったものの、保護者を代表して県に調査を依頼した。校庭を測定した結果は「異常なし」。それでも、ストロンチウム90はカルシウム不足の体に蓄積されやすいと聞き、「サプリを買った。普段考えたこともないけど」とプラスチック容器を見せながら苦笑した。

県民の水も危機一髪だった。現場は、県内最大の福地ダムに雨水が流れ込む流域の境目から400メートルしか離れていなかった。

ダム管理事務所の担当者は「事故が発生した時、急いで流域の外か内かを確認した。本当にぎりぎりで外側だった」と語った。もし内側で汚染が確認されたら、人口の多い那覇市など本島中南部への送水が止まるところだった。

周辺地域は放射線量の調査が進み、安全性が確認されていった。残るは事故機直下、最も汚染が疑われる土壌。沖縄防衛局や県が繰り返し採取を申し出たが、米軍に拒否され続けた。

そして迎えた10月20日。米軍はトラックを差し向け、重機で土壌を積み込み始めた。土壌は西銘のものである。その西銘に一切、許可を得ていなかった。窃盗の現行犯。しかし、周囲の警察官はなすすべもなく見守るだけだった。私も、西銘家の屋根の上から望遠レンズ越しに撮影することしかできなかった。

防衛局はこの日ようやく、事故機直下の土壌調査ができるはずだった。搬出を中止するよう求めたが、米軍が聞き入れることはなかった。同僚が調査を妨害した理由を米軍に尋ねると、「日本の警察が止めた」「現場の米軍指揮官は調査の要求を認め、現場まで付き添っていた」と答えた。もちろん、県警も防衛局も全面否定した。米軍は

地主の許可なく土壌を掘り起こし、ダンプに積み込む米軍＝2017年10月20日、東村高江

時に、すぐばれるような責任転嫁も辞さない。

盗まれた土は7トントラック5台分。一番深いところで50センチまで掘り出され、面積は300平方メートルにわたる。放射能汚染の真相を解明する機会は永遠に失われた。

失われたのはそれだけではない。牧草地は西銘が山林を切り開き、30年以上かけて育ててきた。父清が育てるブタのふん尿をまいて「鍛え抜いてきた土」だった。収穫目前だった牧草は沖縄でいち早く導入した品種で、栄養価が高い。乾燥の方法も工夫している。家畜がよく食べる、と沖縄本島全域の畜産農家から引き合いがある上質な牧草だった。

米軍が全てを持ち去ったこの日の夕暮れ、西銘は事故から9日ぶりに現場に入ることを許された。ぺしゃんこになった牧草が投光器の光に照らされる。「収穫前だったのに、まるで畳のようだ」と声を落とす。米軍車両や重機が走り回ったわだちが土に刻まれている。たばこの吸い殻、ペットボトル、黄緑色の液体染料の異様な水たまりも残された。

実は、西銘所有の牧草地に米軍ヘリが不時着したのはこれが初めてではない。過去に3回あったが、いずれもヘリは無事に飛び立ち、牧草の被害もなかった。「米兵の命が助かって良かった」と、メディアはもちろん他の住民にも言わなかったため、この炎上事故が起きるまで誰も知らなかった。米軍は、計4回も兵士の命を救った西銘の牧草地を、めちゃくちゃにした。

「地主の私も県警も蚊帳の外。地位協定の壁というのはこれほど厚いものなのか。今までひとごとのように思ってきたが、初めて目の当たりにした」

西銘夫妻は抗議行動の現場にこそ行かなかったが、ヘリパッド建設には他の高江住民と同じように反対してきた。ヘリパッドが「完成」し、取り囲まれてからわずか10

カ月後に、懸念が現実になってしまった。日米両政府に言いたいことはありますか、と尋ねると、美恵子は言った。

「だから危ないと言ったではないですか。全部持って帰ってください。人口密集地ではないから、小さな犠牲だから、いいんですか。犠牲の上に成り立つ安全保障とは何ですか」

強硬策裏目

「永遠の飛行停止だよ。ずっと飛ばすな」

自民党県連会長の照屋守之が、呼び出した沖縄防衛局長の中嶋浩一郎に吐き捨てた。事故翌日、10月12日のこと。

「北部訓練場なんか返さなければいいんじゃないか。わざわざヘリパッド造って。自民党県連も政府と一緒に容認してきて、県民から批判を受ける」

沖縄の自民党は党本部と世論の板挟みになる運命にある。その立ち位置は独特で、一時は国策である辺野古新基地建設にも反旗を翻していた。「つくづくきのう、おれ自民党やめようかなと思ったよ」と、照屋はやり場のない怒りを口にした。

加えて、事故は衆院選が公示された翌日に起きた。自民党は前回、沖縄の4選挙区で知事の翁長雄志派に全敗を食らっていた。よりによって、1議席でも奪回しようと選挙戦に突入した直後。メディアに全面公開した抗議の場はパフォーマンスでもあり、危機感の表れでもあった（選挙結果は翁長派3勝に対し、自公が1勝と一矢を報いた）。

政権も呼応し、10カ月前のオスプレイ墜落事故よりも格段に強気な態度で臨んだ。日ごろ沖縄関係を官房長官の菅義偉に任せっきりの首相安倍晋三が事故当日、即座に「遺憾の意」を表明。原因究明と再発防止を関係省庁に指示する「リーダーシップ」を演じた。防衛相小野寺五典は面談した在日米軍幹部が期限付きの飛行停止を表明すると、「安全が確認されるまで」延ばすよう求めた。

しかし、米軍は10月17日、「運用上の問題は確認されなかった」として、飛行再開を発表した。原因は究明されず、従って再発防止策もない。そもそも事故機は6月に久米島空港に緊急着陸していた。再発防止ができなかったから高江で炎上したのだ。一方的な「安全宣言」を信じる者は少ないだろう。

米軍は飛行再開を発表する前に、防衛省とのすり合わせもしなかった。小野寺は「誠に遺憾」「安全性に関し私からコメントできる状況ではない」と力なく言うばかり。

日本側の強硬策は裏目に出た。米軍にすがりついても駄目、強く出ても駄目。控えめな望み一つかなえられない、情けない実態を浮き彫りにするだけに終わった。

飛行再開が発表された17日の早い時間、新設されたばかりのヘリパッドN1地区の近くでは別の機種の米軍ヘリ2機が飛んでいた。目撃した住民の石原理絵（53）は初めて、吐き気を覚えた。ちょうど謝罪のため高江公民館を訪れた防衛局長中嶋に迫った。

「ヘリパッドに囲まれてしまって、事故が増えると思っていたらもう起きた。苦しくて仕方がない。私たちは米軍機を見続けなきゃいけないのか。自分の家で、普通に暮らしたいだけです」

その会合が終わった後、事故同型機の飛行再開というニュースが舞い込んだ。「防衛局は強く申し入れる、と言うだけ。米軍はそれを気にもかけない。どっちも『通常営業』だから、驚きもがっかりもない。そのことがまた腹立たしい」とこぼした。

翌18日、事故同型機は普天間飛行場を飛び立ち、わざわざ60キロ以上離れた高江の事故現場上空まで来て旋回した。地上には焼け落ちたローターや尾翼の残骸が横たわっていた。

原因が分からない以上、同じローターや尾翼を付けて飛んでいる機体がいつ炎に包まれるかも分からない。米軍は配下兵士の命を軽んじている。そして日本全体をこけにしている。そこに政府と国民、本土と沖縄の区別はない。

安倍の命名によれば、衆院解散は「国難突破解散」だった。事故現場を訪れた知事の翁長は、何度抗議をし、再発防止の約束を得ても事故が繰り返される状況を「豆腐に釘《ママ》」と表現した。「沖縄県にとって国難というのはこういう状況だ」と指弾した。

大勢の記者とともに翁長を囲んでいた私はうなずきながらも、尋ねざるを得なかった。「知事も選挙中、ヘリパッド建設に反対すると言ったが、その後賛否を曖昧にしたまま今に至る。完成直後の事故だが、高江区民に責任を感じるところはあるか」

翁長は元来、激しい性格である。反論も想定したが、「区長に対して、私の最初の言葉は『申し訳ありませんでした』だった」とあくまで静かに語った。

高江区は一貫してヘリパッド建設に反対し、完成後は使用禁止を求めた。ヘリパッドに包囲され、オスプレイやヘリが飛び交う下では暮らせない。そう訴えてきたことが早くも現実になってしまった。

深刻な事態に、まず県議会がヘリパッド使用禁止要求に踏み込んだ。建設を認めてきた自民会派も賛成し、全会一致で抗議決議案を可決した。これを受け、翁長も使用禁止要求を打ち出した。

ヘリパッドが完成し、事故が起きてからようやく、高江区の願いは沖縄全体の願いになった。

防衛相の本音

文化の違いというだけでは済まない溝が、刻まれていた。米軍は2017年12月15日、高江区長の仲嶺久美子（67）らを北部訓練場に招待し、「感謝状」を手渡した。在沖米軍トップの四軍調整官ニコルソンの署名とともに、こうあった。

「この出来事への速やかな対応、国や県の関係当局との緊密な連携、迅速な残骸の撤去は、地域社会への影響を最小限にとどめようとするわれわれの決意の表れであった」

われわれ、は米軍を指す。民間地で事故を起こし、燃えさかる機体を放置して逃げ、国や県の土壌調査を妨害し、妨害を県警のせいにした米軍が自賛している。北朝鮮が首相安倍晋三に使った最大級の侮辱の言葉、「面の皮がクマの足の裏のように厚い」が最もふさわしいと私は思う。

米軍は招待に応じなかった西銘晃には、30分前に電話を入れて自宅を訪れ、感謝状を押し付けた。「あなたの協力と理解によって（機体と汚染土壌の撤去）プロセスが迅速、円滑に進んだ」「あなたの忍耐、思いやり、親切な人柄は沖縄の美徳の輝かしい象徴です」

「ご迷惑をおかけして、深くお詫びする」という一文もあるにはある。しかし事実を無視した内容は総じて占領者の目線で、とても詫びるべき加害者の書く文章ではない。しかも、米軍は仲嶺と西銘に感謝状を手渡すところをそれぞれ撮影し、ＳＮＳで「和解」をアピールした。

西銘は「私は協力も理解もしていない。全て一方的に進めておいて、こちらが我慢したことにお礼を言うという態度は認められない」と反発した。仲嶺も「感謝される理由がない」と困惑した。両者ともに、役場を通じて感謝状を返却した。

区長を通算16年務める仲嶺の悩みは深い。高江の騒音はヘリパッドの完成後、激増している。沖縄防衛局の測定で、米軍機による60デシベル以上の騒音は2014年度1474回に対し、完成後の18年度は4倍以上の7000回に上った。夜間（午後7時～午前7時）に限ると14年度194回から1673回になり、8倍を優に上回る。

住民は、時に午前0時前まで集落上空で続く旋回訓練に悲鳴を上げている。

「ヘリパッドは造られてしまった。どうしても使うなら、せめて集落上空と夜間は飛ばないでほしい。それくらいのお願いは聞いてほしい」と、仲嶺は嘆く。「あんまり騒音、騒音と言うと人が来なくなるし、これ以上うるさいと住んでいる人が困る。兼ね合いが難しい」

16年、建設強行の「悪夢の日々」が始まるまで、集落には約140人が住んでいた。騒音を心配して12人が引っ越し、さらに高齢者が亡くなって、3年後の19年には約120人に減った。

頼ってきた官房長官の菅義偉は炎上事故の発生直後、「できることは何でもします。いつでも連絡ください」と自身の携帯から電話してきた。沖縄に来れば面会の時間を取り、集落上空を飛ばさないように米軍に申し入れる、と請け合ってくれたこともある。「心配してくれてありがたい」と思うものの、窮状はなかなか変わらない。

こんなことがあった。仲嶺は17年1月、防衛相の稲田朋美に集落上空を飛ばないよう、飛行ルート変更を申し入れた。防衛省の大臣室で、2人きりだった。集落を取り囲む6カ所のヘリパッド配置図を見せると、稲田はこう言った。

「なんでこんなに必要だったんでしょうね」

仲嶺は、あっけにとられた。

なんでこんな仕打ちを受けないといけないのか、と高江はずっと問うてきた。それを無視してヘリパッドを造ったのは、防衛省だった。責任者はしかし、本当に理由が分からないようだ。怒りも湧かない。どう反応していいか分からないまま、「はい、そうなんですよ」と答えた。

米軍の際限ない要求を、日本政府が検証もせずにのむ。日本政府はそれで構わない、仕方ないと思っている。代償を払うのは常に沖縄である。稲田の発言は、「強固な同盟」の実像を端的に表していた。

オスプレイやヘリが飛び交うようになってしまった空と違って、高江の陸上はほぼ平穏を取り戻した。工事現場入り口の「N1表」には、住民たちが小さなテントを一つ立てている。日曜を除いて誰かが交代で座り、訪問者に現状を説明する。抗議の声を上げる機会は減った。沖縄防衛局が雇う警備員たちも入り口に並んで静かにたたずむ。

2019年9月13日、高江公民館で6年ぶりの豊年祭が開かれた。本来は3年に1度の住民の楽しみだが、前回はちょうど衝突が激しい時期で、とても開催できなかった。

新設された公民館に、村内外から100人以上が詰め掛け、外まであふれた。寸劇にフラダンス。戦後しばらく途絶えていた高江の豊年祭は、他地域では見られない現代的な出し物がある。

仲嶺は琉球舞踊の先生である西銘美恵子の指導を受け、一緒に舞台を務めた。「こんなに多くの人が見に来てくれた。また豊年祭ができて良かった」。ささやかな喜びを語った。

エピローグ

絶望と希望

この本を締めくくる前に、どういう人間が、どういうスタンスで書いていたのかを明確にしておく必要があるように思う。

途中でも少しだけ触れたように、私は沖縄出身ではない。東京出身の「よそ者」である。だから「沖縄の心」を語ったり、沖縄の針路を論じたりする立場にはない。そうではなくて、自分の出身地である本土の人々に向けて報告するつもりで書いた。本土の無関心によって、沖縄で何が引き起こされているか。

私自身が、1995年までは全くの無関心だった。この年、米兵3人による少女暴行事件があり、県民の怒りが爆発した。8万5千人が集まった県民大会の様子をニュースで見た。2017年6月に亡くなった当時の知事、大田昌秀が「行政の責任者として幼い子どもの尊厳を守ることができなかったことをおわびしたい」と謝罪し、高校生が「私たちに静かな沖縄を返してください」と訴えていた。

当時大学生になっていた私は、恥ずかしいことに沖縄に基地があることすら知らなかった。21年間、沖縄の被害の上にあぐらをかき、東京でのうのうと生きていたことに衝撃を受けた。

翌年は就職を考える年だった。もともと漠然と新聞記者を志望していたので、沖縄タイムスを受けた。全国紙も受験したが、運よく入社して沖縄に赴任できたとしても数年で転勤になってしまう。沖縄に飛び込み、地に足をつけて基地問題を取材したいと考え、タイムスを第1志望にした（本当は全国紙を蹴ってタイムスに入社したら格好いいのではないかと夢想していた。実際はタイムスだけに受かった）。

何とか拾ってもらい、縁もゆかりもないまま始まった沖縄での記者生活。最初の頃は、本土出身である後ろめたさから先輩や取材相手に「本土から来てすみません」とばかり言っていた。しかし、どうにもかみ合わない。空回りし続けた。

私が向き合っていたのは、本土に対して怒りの異議申し立てをする沖縄、というステレオタイプだった。暮らしてみて、みんなそれぞれの生活があるという当たり前のことに気付く。毎日、抗議集会を開いているわけではない。どこでもそうであるように沖縄にもいろんな人がいて、本土を許さない人もいれば、気にしない人もいる。

そして、空回りのもっと根本の原因は、謝罪しながら実際は許しを求めていたことにあったのだと思う。「すみません」と言いながら、「いいよ」と言ってもらうことを無意識に望んでいた。はた迷惑な承認欲求であり、自己満足であり、甘えであった。ではどうすればいいのだろう。沖縄の人々と一緒に笑い、怒り、泣きながら、少しずつ距離感を探ってきた。

渋滞とポーク

入社以来20年間、望んだ通り基地問題を取材する機会に恵まれた。高江といい、辺野古といい、多くの現場に立ち会うことができた。同時に学んだことは、基地と関係のない記者など沖縄にはいないということだった。

芸能担当でもスポーツ担当でも、影響は必ずある。基地があまりに集中し、戦後74年の間に社会の隅々まで根を張っている。

基地と無関係でいられる県民もまた、いない。きょうも発生している沖縄本島の慢性的な交通渋滞は中心部に居座る広大な基地と、鉄道を整備しなかった米国の占領統治が大きな要因である。基地がない島の小さな商店の棚にも、米軍が持ち込んだ野戦食、ポークランチョンミートが必ず並んでいる。

嘉手納基地の一部返還で造られた子ども用サッカー場の地下から、さびたドラム缶108本が掘り出されたことがあった。中に残っていたのはダイオキシンの中でも最強とされる毒物。米軍がベトナム戦争期に採った枯れ葉剤作戦の遺物だった。その土壊の上で、子どもたちが駆け回っていた。

嘉手納基地内の水源から取った水道水には、人体への影響が疑われる有機フッ素化合物PFAS《ピーファス》が高濃度で含まれていることが発覚した。水は那覇市など都市圏に供給されていた。嘉手納基地の爆音が原因の心筋梗塞《こうそく》や脳卒中で毎年4人が死亡しているという疫学的推計もある。

こうした被害は、思想や信条を選ばない。もちろん米軍関係者による事件や事故も同じだ。安保が重要だからこうした被害を我慢できるという人がいるとすれば、そちらの方がよほど特殊な思想だろう。沖縄では基地問題は政治問題ではない。命と尊厳の問題である。

本土出身者の責任

2001年、私は基地と最も縁遠いかに見えた経済の担当に就いた。ところが、米同時多発テロが起き、激動の渦の中にたたき込まれることになる。沖縄の基地が攻撃されるのではないか、と考えた本土の修学旅行生や観光客が沖縄行きを続々とキャンセル。被害額は数百億円に上ると試算された。

この時、基地は経済にも大打撃を与えることが広く認識された。「観光は平和産業」「基地は経済発展の最大の阻害要因」と主張し、前知事翁長雄志を支える経済人を生むきっかけになる。

当時の私は、ただ本土の卑怯《ひきょう》さが腹立たしかった。「日本の安全に必要」だと基地を押し付けておいて、いざという時は安全地帯にとどまって近寄ることもしない本土というのは一体何なのか。

その後、沖縄差別、沖縄切り捨てはいよいよ露骨に目に見えるようになっていく。鳩山由紀夫政権が普天間飛行場の県外移設を模索した時、受け入れを表明した本土の自治体はなかった。本土で断られたので、やっぱり沖縄にお願いするというのが鳩山の結論だった。拒否ならば沖縄も繰り返し表明してきた。本土の拒否とは値打ちが違うのか。

12年、これも県民総ぐるみで反対したオスプレイ配備が迫り、抗議行動が激化していた時のこと。現場で10年来の知人女性を見つけ、話を聞かせてもらおうと軽い気持ちで声をかけた。女性はこう言った。

「私たちはもう十分反対を言いました。本土の人は、本土の人に取材してください」問題は沖縄ではなく、本土にある。本土を問うことが、本土の人間の責任ではないのか。女性はそう突き付けていた。全くその通り。「分かりました」と答えるのがやっとだった。

特定秘密保護法が成立した13年の暮れには、本土出身の私が解説記事を書くことに、同僚が疑問を投げかけた。秘密漏洩《ろうえい》を広く罰するこの法律は、基地と秘密に囲まれた沖縄に、将来必ず重大な影響を及ぼす。歴史的な節目には、ウチナーンチュの記者が書くべきではないか、と。

私は担当としてずっと関連の取材をしてきたから、この日は書かせてもらった。「書き手を一人に絞る必要はない。本土の人間も沖縄の人間も、それぞれの見方を書いていけばいいと思う」とも伝えた。だが、本土の人間が沖縄の将来に責任が持てるのか、という本質的な問いは心に刺さったままだ。

沖縄に対する本土という多数派、加害の側にいる者として「分」をわきまえることだけは学んできた。沖縄の針路に関しては主体になれないし、ならない。記者として観察した事実を伝えたり、よそ者の見方を提示したりすることに徹する。

本土に対しては、知人女性に課されたように、伝え、ただしていくことが大きな責任になる。責任の果たし方は、これからもずっと問われていくだろう。

単独者の勇気

政府は16年12月22日に高江へリパッド完成を祝う式典を開くと、5日後の27日には早くも辺野古新基地の工事を再開した。高江をねじ伏せた勢いに乗り、20年来の懸案にも決着を付けようと攻勢を強める。17年4月、埋め立て地外周の護岸を造り始め、18年12月にはついに護岸で囲った内部に土砂を投入する段階に移った。日々、青い海が赤茶色の陸地に押し固められ、生物が埋め殺されていく。

政府高官は「後戻りできないところまで工事を進め、県民を諦めさせる」と言ってはばからない。司法を抱き込み、脱法行為を繰り返し、ここまで工事を進めてきた。あまり知られていないことだが、知事か名護市長が反対を貫き、権限を行使し続ければ、どこかで必ず工事は止まる。例えば大規模工事に付き物の設計変更ができない。河口の埋め立てに必要な川の水路変更ができない。つまり、基地を完成させることはできない。いつか県民が諦め、知事と市長がそろって容認派になるだろうという希望的観測に基づき、すでに数千億円の巨費をつぎ込み、環境破壊を続けている。

大多数の本土の人々は、気にかける様子もない。そうしている間に、高江では民主主義が破壊され、法治主義が踏みにじられ、人権が奪われた。辺野古でも同じことが繰り返されてしまうのだろうか。一体、希望はあるのだろうか。高江から辺野古に戻り、連日カヌーで抗議行動に出る作家の目取真俊（56）に尋ねたことがあった。目取真は詩人石原吉郎《よしろう》のエッセー「ペシミストの勇気について」を挙げた。

関東軍などで勤務した石原は敗戦後、シベリアに抑留された。寒さと飢え、ソ連兵の暴力に包囲され、他者を蹴落とさなければ生き残れない。そんな極限状態にあって、加害者になることを拒否する孤高の人物、鹿野武一《かのぶいち》と再会する。

収容所と作業現場の往復は5列行進だった。地面は凍り、囚人は栄養不足と疲労で足元がおぼつかない。よろめいて列を外れる者がいたら、ソ連兵は逃亡と見なし、射殺して構わない規則だった。銃口はむしろその機会を待っていた。囚人たちは争って真ん中の3列に入り込み、他者を押し出して身を守ろうとした。そんな中、鹿野だけは進んで外側の列に並んだ。

海上保安官にカヌーを取り押さえられながら、なおもパドルをこぎ続ける目取真俊＝2017年3月29日、名護市辺野古沖

石原にとって、鹿野は絶望の中で見つけた希望だった。エッセーにこう書いた。

「問題はつねに、一人の人間の単独な姿にかかっている。ここでは、疎外ということは、もはや悲惨ではありえない。ただひとつの、たどりついた勇気の証しである」

死がそれほど身近ではないにしても、シベリアと同様に不条理と暴力が支配する辺野古の海に、目取真はカヌーでこぎ出す。仲間は多い時でも20人程度である。

立ち入り禁止区域を示すフロートを越え、作業現場に近づくと、海上保安官がゴムボートから飛びかかってくる。カヌーを取り押さえられれば、もはや進めない。ある時、それでもパドルをこぐ手を休めない目取真の姿を見た。諦めを寄せ付けない「単独者の勇気」が形となってそこにあるように思えた。

目取真は語った。

「世界にはあすの飯をどう食うか、という人々がたくさんいる。言論の自由がない国もいくらでもある。国際基準に比べたら、日本の絶望なんて恵まれている。絶望も希望もない。その場でできること、自分がなすべきことを黙々と、淡々とやるだけですよ」

本土と沖縄の断絶の深さを前に、絶望と希望の間を行ったり来たりしたこの本ももう終わる。確かなのは、沖縄の問題は本土の問題であること。それに、本土の当事者意識がなければ解決しないことである。私も嘆いたり、他人のせいにしたりするのではなく、ひたすら伝え続けることで責任を果たしていきたい。

絶望と希望を超えて。

この本は、ジャーナリストの安田浩一が朝日新聞出版と私をつないでくれて初めて実現した。安田の助力と応援にお礼を申し上げる。安田の著書『沖縄の新聞は本当に「偏向」しているのか』の担当でもあった編集者の松尾信吾は、在京の沖縄出身者である。在沖縄の東京出身者である私の原稿の弱点を丹念に修正し、自分と深く向き合うことを促してくれた。松尾とのコンビだからこそ、ここまでたどり着けた。プロフェッショナルな仕事に感謝したい。また、校閲のプロである若井田義高の指摘には数え切れないほど助けられた。徹底した事実へのこだわりに共感し、最大限の敬意を抱いている。

この本には、沖縄タイムスの同僚が蓄積してきた取材の成果がたくさん反映されている。今も辺野古の現場を交代で見守り、一緒に歴史の記録を残している。このチームの一員であることを誇りに思っている。半年近くの間、休日を全てこの本の執筆に費やすことを許し、応援してくれた妻。闘う理由を与えてくれる息子にも、ありがとう。この本に登場する全ての人、現場で出会った全ての人。そして何より、このごつごつした本を手に取り、最後まで読んでくださったあなたへ。ありがとうございました。

文庫版あとがき

辺野古の海に、きょうも土砂が投入されている。青かった海が、赤茶色の陸地に押し固められている。沖縄県民投票など、まるでなかったかのように。

2019年2月24日に実施された県民投票は闘い取るまでの過程も、民主主義の実践だった。辺野古新基地建設の抗議現場で「阻止行動に注ぐ力が分散する」と慎重論が強い中、若者が動き始めた。動機は明快だった。「沖縄のことは沖縄で決めたい」。真っすぐな問いは年長者も巻き込み、条例制定の請求に必要な数の4倍、9万2848筆の署名を積み上げた。

県議会が条例案を可決した後は、保守系の5市長が自らの市では投票はさせないと言い始めた。革新・中道系の政治家たちの中には暴挙をあえて放置し、次の選挙に向けた攻撃材料を温存しようと考える者もいた。事態は漂流しかけた。

政治の機能不全を、また若者が打開した。条例制定を請求した「辺野古」県民投票の会の代表、元山仁士郎（27）が地元宜野湾市役所の前で5市長に投票実現を求め、

1人ハンガーストライキを始めた。

元山が言ったのは「賛成でも反対でも、議論して、悩んで、一票を投じたい」「投票する権利を奪わないで」ということだけだった。右翼団体の街宣車から大音量の批判を向けられても、「あの人たちもみんなで投票したい」と言った。

民意を背にした、体を張った行動は、共感と自責の念を呼び起こした。「若者にこんな思いをさせてしまっている私たち大人とは何なのか」。公明党の県議が動き、県議会議長が動き、副知事や知事が動いた。ぎりぎりのところで5市長が折れ、全県実施の道が開けた。

政府は常々、辺野古新基地建設は普天間飛行場返還の「唯一の解決策」であり、沖縄のためだと主張している。県民投票は主張の正しさを証明する絶好の機会だったが、理がないことを誰よりも知っている政府は、論戦から一方的に下りた。ムードを盛り上げないことで、せめて投票率を下げ、敗北必至の県民投票に傷をつけようとした。

県民は18年9月の政治決戦、知事選で、玉城デニーを選んだばかりである。毎回辺野古について問われ、選挙疲れは確かにあった。それでも投票率は52%を超えた。主権者の責任を一人一人が静かに果たした。新基地建設に「反対」は72%を占め、得票の43万4273票はデニーが知事選で獲得した過去最高得票を上回った。沖縄は、圧倒的で最終的な結論を出した。

直後、防衛相の岩屋毅はそれでも工事は続ける、と表明した。「沖縄には沖縄の民主主義があり、しかし国には国の民主主義がある。それぞれに、民意に対して責任を負っている」

沖縄の人口は日本の1%。1%の中の多数、0・7%を取られたところで、痛くもかゆくもない。99%の数の力で押しつぶす。固定された99対1の力関係を背景に語ったその統治体制は民主主義ではなく、差別の上に成立する専制である。

日本の民主主義は戦後、米国に「与えられた民主主義」であった。結局、74年たっても根付かなかったと言わざるを得ない。対して、沖縄の民主主義は米軍から「闘い取った民主主義」である。米軍占領下に無権利状態で放り出され、闘い取るほかに選択肢はなかったし、一つ一つの実践が沖縄の民主主義を鍛えてきた。岩屋が意図せずに言い当てた民主主義の質の違いは、確かに存在する。

前任の仲井真弘多の公約違反を指弾し、国と対峙した翁長雄志は病に倒れた。今はデニーが遺志と民意を継いでいる。辺野古の問題はまだまだ続く。

技術的にも実現が危ぶまれるほどの難工事であり、県の試算では完成にあと10年以上かかる。工事が比較的簡単で、怒濤の半年間で完成してしまった高江のヘリパッドとはその点が違う。

本土の人が「気付いたら終わっていた」と言うことはできない。今からでも全く遅くない。高江に短期集中投入されていた国家の暴力が継続的に振るわれる辺野古に、どうか目を向けてほしい。

この本のテーマは「きょうの沖縄は、あすの本土である」ということに尽きる。

19年の夏、札幌市で首相安倍晋三の街頭演説に抗議し、意見表明しただけの市民が、警察に強制排除され、その後も行動の自由を奪われた。北海道警は法的根拠を示しきれず、「トラブル防止の措置」だと説明した。

高江では日常茶飯事だった。座り込む市民は機動隊に強制排除され、その後も囲い込まれて動けなかった。これも法的根拠はなかった。

拘束は、座り込みも妨害もしない沖縄2紙の記者にまで及んだ。批判された政府は「現場の混乱や交通の危険防止のための必要な警備活動」だと開き直った。閣議決定されたこの見解は、今も全国で有効である。北海道警の言い分もうり二つ。いずれ本土でも記者が拘束される時が来るだろう。そしてその時、沖縄ではもっとひどい事態が起きているだろう。

まだ止められる。

一緒に止めませんか。

文庫化をとてもうれしく思っています。今の時代に向けて、このささやかな記録を再びそっと差し出します。

２０１９年12月

阿部岳

高江周辺のヘリパッド建設を巡る動き

1996年12月2日　日米特別行動委員会（SACO）最終報告で
　　　　　　　　米軍普天間飛行場の返還などを発表。
　　　　　　　　北部訓練場の過半返還はヘリパッド移設が条件
1999年10月26日　地元の東村高江区が区民総会。
　　　　　　　　全会一致で受け入れ反対を決議
2006年2月23日　高江区が2度目の反対決議
2007年5月17日　東村長が無投票当選から1カ月で反対の公約を撤回
　　　7月3日　那覇防衛施設局（現沖縄防衛局）がN4地区に着工。
　　　　　　　　住民が抗議の座り込み
2008年11月25日　沖縄防衛局が住民15人に対し「通行妨害」禁止を求める
　　　　　　　　仮処分を那覇地裁名護支部に申し立て
2013年2月　　N4地区のヘリパッド2カ所のうち1カ所が完成

2014年6月13日　通行妨害を巡る訴訟で最高裁が住民側の上告を棄却。
　1人に妨害禁止を命じた一審判決が確定
7月　N4地区の2カ所目が完成
2015年2月17日　N4地区2カ所を米側に引き渡し
2016年7月11日　防衛局が残るN1、G、Hの3地区計4カ所の
　工事再開に向けて資材搬入
7月22日　本土6都府県の機動隊を含む
　警察官約500人を投入し、工事再開
8月20日　機動隊が取材中の沖縄2紙記者を拘束
9月13日　陸自ヘリが資機材を搬入
10月8日　菅義偉官房長官が那覇市で翁長雄志知事と会談、
　ヘリパッドの年内完成を明言
10月17日　沖縄県警が器物損壊容疑で沖縄平和運動センターの
　山城博治議長を逮捕。拘束は翌年3月18日まで続く
10月18日　大阪府警の機動隊員2人が抗議の市民に

12月13日　オスプレイが名護市安部の海岸に墜落

12月22日　日米両政府はヘリパッドが完成したとして、北部訓練場約7500ヘクタールのうち約4千ヘクタールの返還を祝う式典を開催。市民団体はオスプレイ墜落の抗議集会を開き、翁長知事が出席

2017年6月15日　山城議長が国連人権理事会で反対運動弾圧を訴え

10月11日　高江の民間地に米軍ヘリが不時着、炎上

12月14日　DHCテレビジョンの番組「ニュース女子」を巡り、放送倫理・番組向上機構（BPO）の放送倫理検証委員会が「重大な倫理違反があった」と意見公表。翌年3月8日にはBPOの放送人権委員会が辛淑玉氏への人権侵害を認定

2018年8月8日　翁長知事が膵臓がんのため死去

9月30日　翁長氏死去に伴う知事選で、
後継の玉城デニー氏が過去最多票を得て初当選

ルポ沖縄《おきなわ》 国家《こっか》の暴力《ぼうりょく》
米軍新基地建設《べいぐんしんきちけんせつ》と「高江《たかえ》165日《にち》」の真実《しんじつ》
朝日文庫

2020年1月30日　第1刷発行

著　者　阿部《あべ》　岳《たかし》

発行者　三宮博信
発行所　朝日新聞出版
〒104-8011　東京都中央区築地5-3-2
電話　03-5541-8832（編集）
03-5540-7793（販売）
印刷製本　大日本印刷株式会社

ISBN978-4-02-262000-2